煤炭高等教育“十四五”规划教材

矿山地理信息系统

祁向前 许延丽 李艳芳 郭庆彪／编著

中国矿业大学出版社
·徐州·

内 容 提 要

本书将地理信息理论体系与矿山应用相结合，能让初学者从教材中理解 GIS 的概念和完整理论，进而应用于矿山 GIS 实践。全书共分为 11 章：第 1 章和第 2 章为 GIS 的总述，主要从不同的角度阐述 GIS 是什么；第 3～5 章是 GIS 的理论基础，包括地理空间数学基础、空间数据模型和空间数据结构；第 6～10 章的体系结构依照 GIS 的概念设计，包括数据的采集和编辑、存储、分析和输出；第 11 章为 GIS 平台与实践。

本书可供高等院校采矿工程、地质工程、资源勘查工程、测绘工程等专业的本科生使用，也可供相关专业的工程技术人员自学参考。

图书在版编目(CIP)数据

矿山地理信息系统 / 祁向前等编著. —徐州：中国矿业大学出版社，2022.12

ISBN 978-7-5646-5679-9

Ⅰ. ①矿… Ⅱ. ①祁… Ⅲ. ①矿山—地理信息系统 Ⅳ. ①TD2-39

中国版本图书馆 CIP 数据核字(2022)第 245959 号

书　　名　矿山地理信息系统
编 著 者　祁向前　许延丽　李艳芳　郭庆彪
责任编辑　耿东锋　潘俊成
出版发行　中国矿业大学出版社有限责任公司
（江苏省徐州市解放南路　邮编 221008）
营销热线　(0516)83885370　83884103
出版服务　(0516)83995789　83884920
网　　址　http://www.cumtp.com　**E-mail**：cumtpvip@cumtp.com
印　　刷　江苏淮阴新华印务有限公司
开　　本　787 mm×1092 mm　1/16　**印张** 11　**字数** 281 千字
版次印次　2022 年 12 月第 1 版　2022 年 12 月第 1 次印刷
定　　价　36.00 元

前　言

GIS(geographic information system,地理信息系统)是测绘学的延伸,有着悠久的历史,更有着蓬勃的现在和未来。Jack Dangermond(杰克·丹格蒙德)曾经说过,GIS的应用只与一件事有关,那就是想象力。如今,GIS的应用已经遍地开花,并持续深入。其中,GIS与矿业的结合,让智能开采成为可能,尤其在绿色矿山政策的背景之下,GIS发挥着积极的作用,使矿山开采走向智能化。很多高校已经开设与智能开采相关的课程,然而,缺乏与矿山结合的具有特色实例应用的GIS教材。基于此,本书通过立项并编写而成。

在本书编写过程中,编者根据多年的教学经验,在内容组织与文字表达上做了精心设计,有选择地吸收了地理信息科学与技术的最新成果,力求做到体系结构完整、简单易懂,从而让初学者能够从教材体系中理解GIS的概念和完整理论,并能够将其最终落实到矿山GIS的实践应用中。

全书共分为11章。第1章为GIS的概述,从GIS的概念、研究内容、与其他学科的关系、发展状况等角度阐述GIS是什么;第2章介绍GIS的功能和组成;第3～5章是GIS的理论基础,包括地理空间数学基础、空间数据模型和空间数据结构;第6～10章,其体系结构依照GIS的概念设计,包括数据的采集和编辑、存储、分析和输出四个部分,每一部分自成一章,但是分析部分是GIS理论与实践的重中之重,其内容较多,因此分成两章论述,包括空间数据分析和数字地形分析;第11章为GIS平台与实践,主要介绍了国内外常用的GIS平台软件,以及对在矿业领域实践效果较好的LongRuan GIS软件进行了介绍。

本书学术思想及写作思路由祁向前提出,编写大纲由祁向前、许延丽拟定。第1章、第2章、第3章、第4章由祁向前编写,第5章、第10章由李艳芳编写,第6章、第7章、第8章、第9章由许延丽编写,第11章由郭庆彪编写。本书最终由祁向前和许延丽统稿、定稿。在本书编写过程中,黑龙江科技大学硕士研究生贾连星、苍甜甜、刘志杰在资料整理、图表制作等方面做了大量的工作,河南理工大学的韩永为本书提供了相应的素材,在此一并表示感谢。

在编写本书时参阅了大量的教材、专著、论文及其他资料，因为数量太多，未在书末的参考文献中一一列出，在此谨向相关文献和资料的作者表示感谢。

本书由龙岩学院教材出版基金资助，特此感谢。

由于水平和精力所限，书中难免存在疏漏之处，恳请广大读者批评指正。

编　者

2022 年 8 月

目 录

第 1 章　地理信息系统概论

地理信息系统(geographic information system,GIS)是在信息技术以及计算机硬件发展的基础上成长起来的一门以地理空间信息为主要研究对象的新兴学科。近几年,地理信息行业发展十分迅速,为我国政府部门、企事业单位提供了数据支撑,此外,更是悄然走进了寻常百姓的生活中,为大众提供了一种全新的生活方式。地理信息行业不仅有着蓬勃发展的态势,更有着广阔的发展前景,能与矿山、国土、环境、军事、交通、林业、农业、旅游、医疗、物流等几乎各个行业结合,并促使这些行业产生变革性的发展,“GIS＋”这一概念完美地诠释了这一特点。

在深入学习地理信息系统技术之前,本章对地理信息系统的基本概念、研究内容、与其他学科的关系和 GIS 的发展历程进行了系统阐述。

1.1　GIS 基本概念

1.1.1　信息和数据

数据是人类在认识世界和改造世界的过程中,定性或定量地对事物和环境进行描述的直接或间接原始记录,是一种未经加工的原始资料,是对客观对象的表示。信息是用文字、数字、符号、语言、图像等介质来表示事件、事物、现象等的内容、数量或特征,从而向人们(或系统)提供关于现实世界的新的事实和知识,作为生产、建设、经营、管理、分析和决策的依据,比如“微信”可以传输文字、数字、符号、语音、图片等信息向对方表达自己的观点。因此,信息具有客观性、适用性、可传输性和共享性等特征。

信息与数据是不可分离的。信息由与物理介质有关的数据表达,数据中所包含的内容就是信息。数据是记录下来的某种可以识别的符号,具有多种多样的形式,也可以由一种数据形式转换为其他数据形式,但其中包含的信息的内容不会改变。数据是信息的载体,但并不是信息。只有理解了数据的含义,对数据做出解释,才能提取数据中所包含的信息。对数据进行处理(运算、排序、编码、分类、增强等)就是为了得到数据中包含的信息。

人的知识、经验作用到数据上,可以得到信息,而获得信息量的多少,与人的知识水平有关。比如:看似杂乱无序的大数据,只有采用恰当的数据挖掘、数据分析等方法,才能获取珍贵的有价值的信息;一幅遥感影像,经过基础判读,虽然能定性地得到一些地物的属性和位置信息,但经过一系列的建模、反演等,能得到更深层次的隐含的信息。

1.1.2　地理信息和地理数据

地理数据是指表征地理圈或地理环境固有要素或物质的数量、质量、分布特征、联系和规律的数字、文字、图像和图形等的总称。地理信息是有关地理实体的性质、特征和运动状态的表征和一切有用的知识,它是对地理数据的解释。在地理信息中,其位置是通过数据进行标识的,这是地理信息区别于其他类型信息的最显著的标志。地理信息具有空间性、专题性(属性)和动态变化性。

① 空间性:用于描述事物或现象的地理位置,以及空间相互关系,又称几何特征,是GIS区别于其他系统的根本特征。

② 专题性(属性)性:用于描述事物或现象的特征,即用来说明“是什么”。它是地物固有的特征,而不是地物空间分布带来的特征。

③ 动态变化性:地理信息的时序特征十分明显,可以按时间尺度将地理信息划分为超短期的(如台风、地震)、短期的(如江河洪水、秋季低温)、中期的(如土地利用、作物估产)、长期的(如城市化、水土流失)、超长期的(如地壳变动、气候变化)等。

例如,图1-1所示为某区域旅游景点地图,该地图描述了该区域旅游景点的空间分布情况以及景点所处的地理位置,这些信息体现了地理信息的空间性,而旅游景点的名称体现了地理信息的专题性。

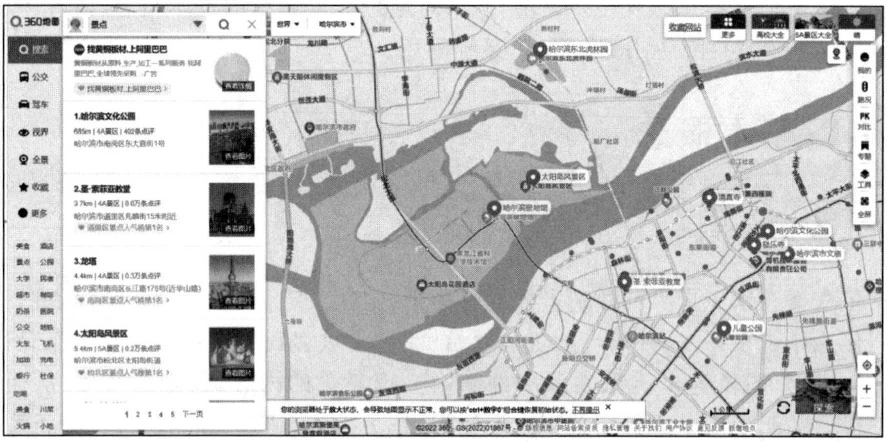

图 1-1 某区域旅游景点地图

图1-2所示为某矿山不同时期的DSM(数字表面模型)专题图,图中体现了该矿区两个时期高精度的DSM,这些信息体现了地理信息的空间性、专题性和地形的动态变化性。

地理数据是各种地理特征和现象间关系的符号化表示,包括空间位置数据、属性数据、时态特征三部分。空间位置数据描述地物所在的位置,这种位置既可以根据大地参照系定义,如大地经纬度坐标,也可以定义为地物间的相对位置关系,如空间上的距离、邻接、重叠、包含等。属性数据又称为非空间数据,是描述一定地物特征的定性或定量指标,即描述信息的非空间组成部分,包括语义与统计数据等。时态特征是指地理数据采集或地理现象发生的时刻或时段,时态数据对环境模拟分析非常重要,越来越受到地理信息系统学界的重视。从地理实体到地理数据,再到地理信息的发展,反映了人类认识的一个巨大飞跃。

1.1.3 信息系统和地理信息系统

系统是由具有特定功能的、相互有机联系的许多要素构成的一个整体。对计算机而

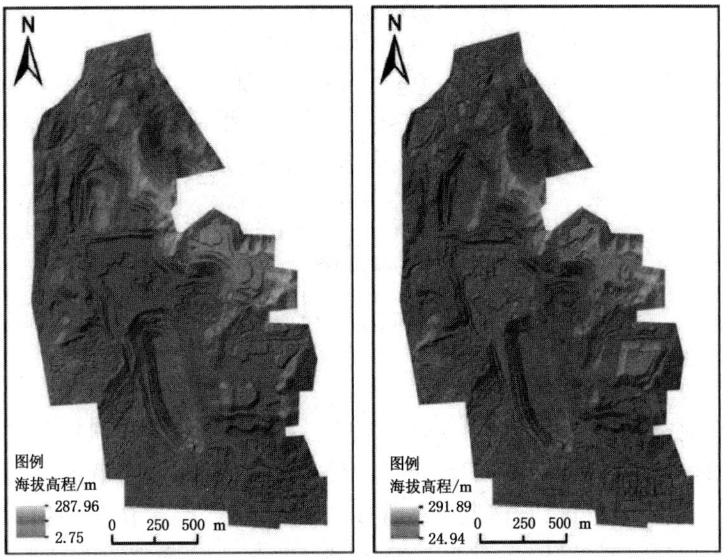

图 1-2　某矿山不同时期的 DSM 专题图

言，系统是为实现某些特定的功能，由必要的人、机器、方法或程序按照一定的相关关系联系起来进行工作的集合体，内部要素之间的相互联系通过信息流实现。系统的特征由构成系统的要素及其相互之间的联系方式决定。

1. 信息系统

信息系统是具有数据采集、管理、分析和表达数据能力的系统，它能够为单一的或有组织的系统决策过程提供有用的信息。在计算机时代，信息系统部分或全部由计算机系统支持，人们常常使用计算机收集数据并将数据处理成信息，计算机的使用引起了一场信息革命，已经渗透到各个领域。一个基于计算机的信息系统包括计算机硬件、软件、数据和用户四大要素。

(1) 计算机硬件包括各类计算机处理及终端设备，它能够帮助人们在非常短的时间内处理大量数据、存储信息和使人快速获得帮助。

(2) 软件是支持数据信息的采集、存储加工、再现和回答用户问题的计算机程序系统，它接收有效数据，能够正确地处理数据；在一定的时间内能够提供适用的、正确的信息；能够存储信息为将来所用。

(3) 数据是系统分析与处理的对象，构成系统的应用基础。

(4) 用户是信息系统所服务的对象。由于信息系统并不是完全自动化的，在系统中总是包含一些人的复杂因素，人的作用是输入数据、使用信息和操作信息系统，建立信息系统也需要人的参与。

比如，在互联网医院管理信息系统中，以病人就诊过程为例进行信息整合，使病人挂号，问诊，医生填写病历、开药，病人缴费、取药、做检查等过程在统一的信息系统中成为一个整体。互联网医院管理信息系统的组成如图 1-3 所示。

图 1-3 互联网医院管理信息系统的组成

2. 信息系统的类型

信息的需要完全取决于管理的层次，若要设计一个系统满足组织中所有层次人员的信息需要，那么这种系统是很复杂的，因为组织中使用的信息在数量、状态和类型上都是易变和不可预知的。在组织中可以将信息系统分成三个管理层次：操作层（底层）、战术层（中间层）和战略层（顶层）。操作层包括的人员有会计师、销售人员和商店监理等，他们执行日常工作和上级管理所做的计划；战术层包括组织中的高级管理人员和参与最高管理的中层管理人员；而战略层负责决定组织的发展方向。为了解决系统复杂性这一问题，大多数组织建立不同类型的系统来满足他们的需要。

(1) 事物处理系统(transaction process system，TPS)：主要用于支持操作层人员的日常活动。它主要负责处理日常事务。

(2) 管理信息系统(management information system，MIS)：需要包含组织中的事务处理系统，并提供内部综合形式的数据，以及外部组织的一般范围和大范围的数据。许多战术层提供的信息能够按照该层管理者希望的那样以熟悉的和喜欢的形式提供。但是，为战术层管理者提供的另外一部分信息和大多数为战略层管理者提供的信息是不可能事先确定的。这些不确定性对管理信息系统的设计者来说是个很大的挑战。

(3) 决策支持系统(decision support system，DSS)：能从管理信息系统中获得信息，帮助管理者制定好的决策。该系统是一组处理数据和进行推测的分析程序，用于支持管理者制定决策。它是基于计算机的交互式的信息系统，由分析决策模型、管理信息系统中的信息、决策者的推测三者相组合以期达到好的决策效果。

(4) 人工智能(artificial intelligence，AI)和专家系统(expert system，ES)：是能模仿人工决策处理过程的基于计算机的信息系统。专家系统扩大了计算机的应用范围，使其从传统的资料处理领域发展到智能推理领域。MIS 能提供信息帮助制定决策，DSS 能帮助改善决策的质量，只有专家系统能应用智能推理制定决策并解释决策理由。专家系统由五个部分组成：知识库、推理机、解释系统、用户接口和知识获得系统。

3. 地理信息系统

关于 GIS 国内外有许多定义，不同的应用领域、不同的专业，对它的理解是不一样的，目前还没有一个完全统一的被普遍接受的定义。

有人认为 GIS 是管理和分析空间数据的计算机系统，是在计算机软硬件支持下，对空间数据的地理坐标或空间位置进行各种处理，完成数据输入、存储、处理、管理、分析、输出等功能，对数据实行有效管理，研究各种空间实体及其相互关系的系统。通过对多因素信息的综合分析，GIS 可以快速地获取满足应用需要的信息，并能以图形、数据、文字等形式表示处理结果；有人认为 GIS 是一种特定而又十分重要的空间信息系统，是采集、存储、管理、分析和描述整个或部分地球（包括大气层在内）空间与地理分布有关的数据的空间信息系统；有人则按研究专业领域不同给予其不同的名称，如地籍信息系统、土地信息系统、环保信息系统、管网信息系统和资源信息系统等；1987 年英国教育部给 GIS 下的定义是："GIS 是一种获取、存储、检查、操作、分析和显示地球空间数据的计算机系统"；1988 年美国国家地理信息与分析中心给 GIS 下的定义是："为了获取、存储、检索、分析和显示空间定位数据而建立的计算机化的数据库管理系统"。

应该说，上述定义均比较科学地阐明了 GIS 的对象、功能和特点。简而言之，GIS 是对空间数据进行采集、编辑、存储、分析和输出的计算机信息系统。"采集、编辑、存储、分析、输出"这五个词从 GIS 数据的来源、中间过程、管理和应用目的的角度完整地阐述了 GIS 体系中的各个环节。

其中，GIS 处理的对象为空间数据。GIS 具有一般信息系统的基本功能，区别于一般信息系统的特点和优势是其具有空间分析功能。地理信息系统的外观，表现为计算机软硬件系统，其内涵是由计算机程序和地理数据组合而成的地理空间信息模型。当具有一定地学知识的用户使用地理信息系统时，他所面对的数据不再是毫无意义的，而是把客观世界抽象为模型化的空间数据，用户可以按照应用目的观测这个现实世界模型的各个方面的内容，取得对自然过程进行分析和预测的信息，用于管理和决策，这就是地理信息系统的意义。一个逻辑缩小的、高度信息化的地理系统，可以从视觉、计量和逻辑上对地理系统在功能方面进行模拟，信息的流动以及信息流动的结果，完全由计算机程序的运行和数据的变换来仿真。地理学家可以在地理信息系统支持下提取地理系统不同侧面、不同层次的空间和时间特征，也可以快速地模拟自然过程的演变或思维过程，取得地理预测或试验的结果，进而能够选择优化方案，用于管理与决策。

1.2　GIS 的研究内容

地理信息系统是在地理学研究和生产实践的需求中产生的，地理信息系统的应用使技术系统不断完善，并逐渐发展了地理信息系统的理论；理论研究又指导开发新一代高效的地理信息系统，并不断拓宽其应用领域，加深应用的深度；地理信息系统的应用，又对理论研究和技术方法提出了更高的要求。这三个方面的研究内容是相互联系、相互促进的。地理信息系统研究的内容主要有以下三个方面，如图 1-4 所示。

（1）地理信息系统基本理论研究

地理信息系统基本理论研究包括研究地理信息系统的概念、定义和内涵；地理信息系统的信息论研究；研究建立地理信息系统的理论体系；研究地理信息系统的构成、功能、特点和任务；总结地理信息系统的发展历史，探讨地理信息系统的发展方向等理论问题。

（2）地理信息系统技术系统设计

地理信息系统技术系统设计包括地理信息系统硬件设计与配置；地理空间数据结构及

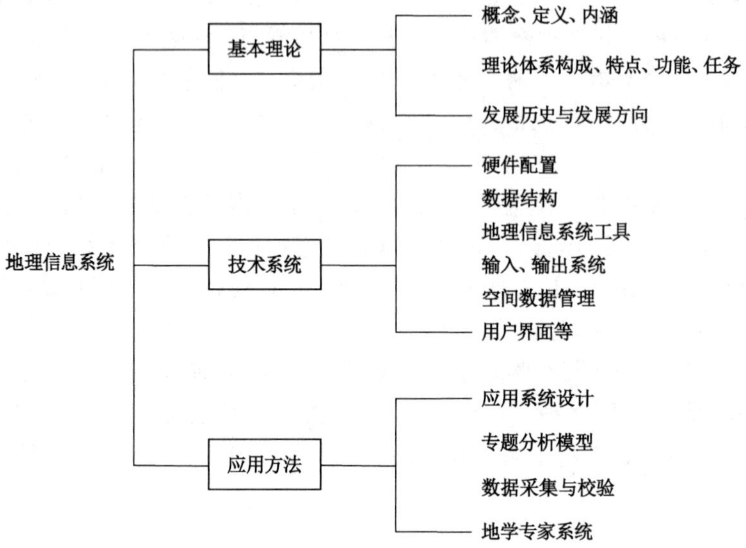

图 1-4　地理信息系统内容体系

表示设计；输入与输出系统设计；空间数据库管理系统设计；用户界面与用户工具设计；地理信息系统工具软件研制；微机地理信息系统的开发；网络地理信息系统的研制；等等。

（3）地理信息系统应用方法研究

地理信息系统应用方法研究包括应用系统设计和实现方法研究；数据采集与校验方法研究；空间分析函数与专题分析模型研究；地理信息系统与遥感技术结合方法的研究；地学专家系统研究；等等。

总之，地理信息系统的内容主要包括：有关的计算机软/硬件；空间数据的获取及计算机输入；空间数据模型及数字表达；数据的数据库存储及处理；数据的共享、分析与应用；数据的显示与视觉化；地理信息系统的网络化；等等。

1.3　GIS 与其他学科的关系

1.3.1　GIS 的学科交叉特性

地理信息系统，是 20 世纪 60 年代开始迅速发展起来的地理学研究的新技术，是多学科交叉的产物。作为传统科学与现代技术相结合的产物，地理信息系统为各种涉及空间数据分析的学科提供了新的方法，而这些学科的发展都不同程度地提供了一些构成地理信息系统的技术与方法。为了更好地掌握并深刻地理解地理信息系统，有必要认识和理解与地理信息系统相关的学科。

地理学是一门研究人类生活空间的科学，地理学研究空间分析的传统历史悠久，它为 GIS 提供了一些空间分析的方法与观点，成为 GIS 部分理论的依托。地理学的许多分支学科，如地图学、大地测量学等都与 GIS 有着密切的相依关系；反过来，地理信息系统也以一种新的思想和新的技术手段解决地理学的问题，使地理学研究的数学传统得到充分发挥。

地理信息系统的相关学科如图 1-5 所示。

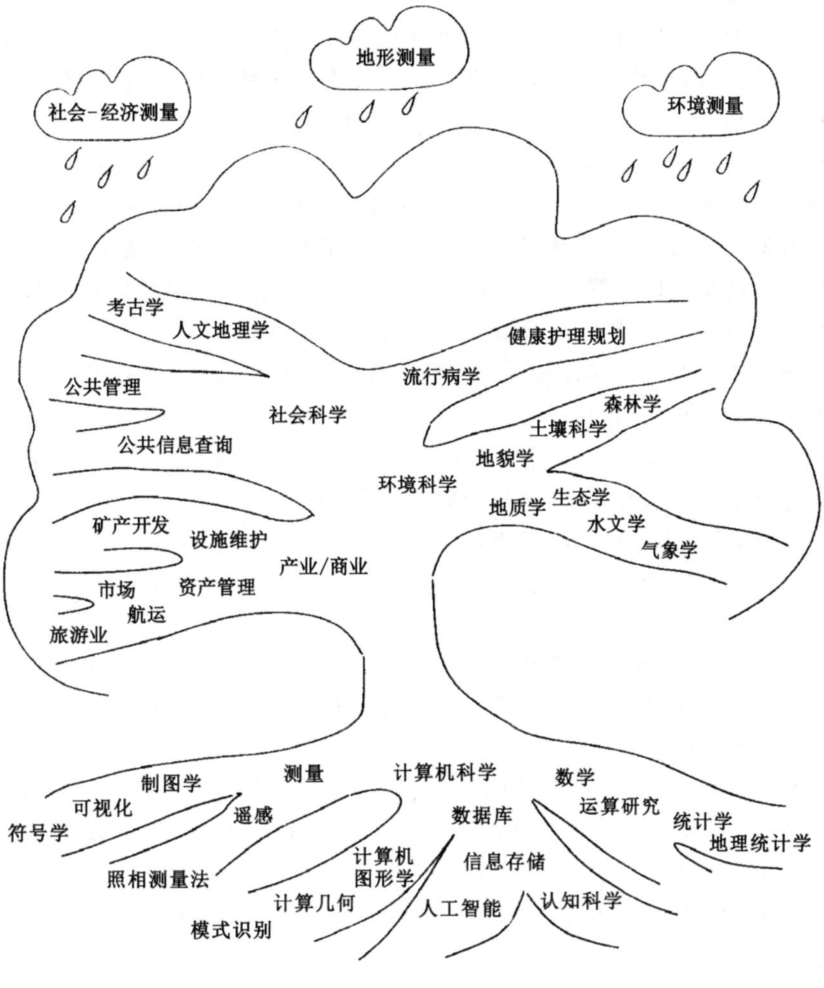

图 1-5　地理信息系统相关学科

1.3.2　GIS 与其他学科的关系

1. GIS 与测绘学

测绘学是研究测定和推算地面的几何位置、地球形状及地球重力场，据此测量地球表面自然形态和人工设施的几何分布，并结合某些社会信息和自然信息的分布状况，编制全球或局部地区各种比例尺的地图和专题地图的理论和技术的学科。GIS 是现代科学技术发展和社会需求的产物，具有明显的多学科交叉的特征。GIS 是一个由计算机硬件、软件和不同的方法组成的系统，该系统用于支持对空间数据的采集、管理、存储、分析和输出等，以便解决复杂的规划和管理决策问题。

测绘学与 GIS 有着密切的关系。测绘学是一门古老的学科，可追溯至大禹治水时期，史记记载“左准绳，右规矩，载四时，以开九州，通九道，陂九泽，度九山”，说明了在大禹治水时期就有了测量的雏形。在漫长的历史长河中，测绘的内涵在不断地扩充，直到 20 世纪 60

年代，计算机科学与技术的兴起，又一次为测绘学注入了新鲜的血液，进而促使了 GIS 的诞生。测绘学的测量和制图技术不仅可以为 GIS 提供各种不同比例尺和精度的地理定位数据，而且其理论和算法可直接用于空间数据的变换和处理；而 GIS 的发展拓宽了传统的测绘学领域，使其可以以一种全新的思想和技术手段来解决复杂的 GIS 工程和实际问题，为现代测绘概念的出现起到了奠基作用。是 GIS 让测绘学依然生机勃勃，焕发异彩。

2. GIS 与地理学

地理学是一门研究人类赖以生存的空间的科学。在地理学研究中，地理空间分析的理论和方法具有悠久的历史，它为地理信息系统提供了有关空间分析的基本观点与方法，成为地理信息系统的基础理论依托。而地理信息系统的发展也为地理问题的解决提供了全新的技术手段，并使地理学研究的数学传统得到了充分发挥。

地理系统的内部及其外界，不仅存在着物质和能量的交流，还存在着信息流，这种信息流使得系统许多似不相关的、形态各异的要素联系起来，共同作用于地理系统。地理信息系统体现着一种信息联系，由系统建立者输入，而由机器存储的各种影像、地图和图表都包含了丰富的地理空间信息的数据，通过指针或索引等使信息相关联；系统软件对空间数据进行编码解码和处理；用户对 GIS 发出指令，GIS 按照约定的方式做出解释后，获得用户指令信息，然后调用系统内的数据提取相应的信息，从而对用户做出反应，这是信息按照一定方式流动的过程。

由此可见，地理信息系统不仅以信息的形式表达了自然界实体之间物质与能量的流动，更为重要的是以最直接的方式反映了自然界的信息联系，并可以快速模拟这种联系发展的结果，达到地理预测的目的。

总之，自然界与人类存在着深刻的信息联系，地理学家所面对的是一个形体的，即自然的地理世界，而感受到的却是一个地理信息世界。地理研究实际上基于的是这个与真实世界并存而且在信息意义上等价的信息世界，GIS 以地理信息世界表达地理现实世界，可以真实、快速地模拟各种自然过程的演变和思维过程，对地理研究和预测具有十分重要的作用。

3. GIS 与地图学

地图是记录地理信息的一种图形语言形式，从历史发展的角度来看，地理信息系统脱胎于地图，地图学的理论与方法对地理信息系统的发展有着重要的影响。GIS 是地图信息的又一种新的载体形式，它具有存储、分析、显示和传输空间信息的功能，尤其是计算机制图为地图特征的数字表达、操作和显示提供了一系列方法，为地理信息系统的图形输出设计提供了技术支持；同时，地图仍是目前地理信息系统的重要数据来源之一。但二者又有本质区别：地图强调的是数据分析、符号化与显示，而地理信息系统更注重信息分析。

使用地图是认识和分析研究客观世界的常用手段，尽管地图的表现形式发生了种种变化，但是依然可以认为构成地图的主要因素有三个：地图图形、数学要素和辅助要素。地图图形是用地图符号所表示的制图区域内，各种自然和社会经济现象的分布、联系以及时间变化等的内容部分（又称地理要素），如江河山地、平原、土质植被、居民点、道路、行政区划或其他专题内容等，这是地图构成要素中的主体部分。数学要素是决定图形分布位置和几何精度的数学基础，是地图的“骨架”，包括地图投影及坐标网、比例尺、大地控制点等。地图投影用数学方法将地球椭球面上的图形转绘到平面上；坐标网是各种地图的数学基础，是地图上不可缺少的要素；比例尺表示坐标网和地图图形的缩小程度；大地控制点用于保证在将地球的自然表面转绘到椭球面上，再转绘到平面直角坐标网内时，其具有精确的地理位置。辅助要素是便于读图与用图的。如图例就是显示地图内容的各种符号的说明，还有图名、地图编制和出版单位、编图时间和所用编图资料的情况、出版年月等。有的地图上还有补充资料，用于补充和丰富地图的内容。如在图旁边或图廓内空白处，绘制一些补充地图或剖面图、统计图等。有时还有一些表格或某一方面的重点文字说明。

从地理信息系统的发展过程可以看出，地理信息系统的产生、发展与制图系统存在着密切的联系，两者的相通之处是基于空间数据库的表达、显示和处理。从系统构成与功能上看，一个地理信息系统具有机助制图系统的所有组成和功能，并且地理信息系统还有数据处理的功能。地图是一种图解图像，是根据地理思想对现实世界进行科学抽象和符号表示的一种地理模型，是地理思维的产物，也是实体世界地理信息的高效载体，地图可以从不同方面、不同专题，系统地记录和传输实体世界历史的、现在的和规划预测的地理景观信息。

4. GIS与计算机科学

地理信息系统技术的创立和发展与地理空间信息的表达、处理、分析和应用手段的不断发展是分不开的。20世纪60年代初，在计算机图形学的基础上出现了计算机化的数字地图。地理信息系统与计算机的数据库技术、计算机辅助设计(CAD)、计算机辅助制图(CAM)和计算机图形学(computer graphics)等有着密切的联系。但是它们无法取代地理信息系统的作用。

数据库管理系统(database management system，DBMS)是操作和管理数据库的软件系统，提供可被多个应用程序和用户调用的软件，支持可被多个应用程序和用户调用的数据库的建立、更新、查询和维护功能。GIS在数据管理上借鉴DBMS的理论和方法，非几何属性数据有时也采用通用的DBMS或在其上开发的软件系统管理。对于空间地理数据的管理，通用的DBMS有两个明显的弱点：第一，缺乏空间实体定义能力，目前流行的网状结构、层次结构、关系结构等，都难以对空间结构全面、灵活、高效地加以描述；第二，缺乏空间关系查询能力，通用的DBMS的查询主要是针对实体的查询，而GIS中则要求对实体的空间关系进行查询，如关于方位、距离、包容、相邻、相交和空间覆盖关系等，显然，通用DBMS难以实现对地理数据的空间查询和空间分析。数据是信息的载体，对数据进行解释可以提取信息，通用数据库和地理数据库都是针对数据本身进行管理，而GIS则在数据管理的基础上，通过地理模型运算，产生有用的地理信息，取得信息的多少和质量与地理模型的水平密切相关。

计算机图形学是利用计算机处理图形信息以及借助图形信息进行人-机通信处理的技术，是GIS算法设计的基础。GIS是随着计算机图形学技术的发展而不断完善的，但是计算机图形学所处理的图形数据是不包含地理属性的纯几何图形，是地理空间数据的几何抽象，可以实现GIS底层的图形操作，但不能完成数据的地理模型分析和许多具有地理意义的数据处理，不能构成完整的GIS。

计算机辅助设计(computer aided design，CAD)的作用是通过计算机辅助设计人员进行设计，以提高设计的自动化程度，节省人力和时间；专门用于制图的计算机辅助制图(computer aided mapping，CAM)，采用计算机进行几何图形的编辑和绘制。GIS与CAD和CAM的区别在于：第一，CAD不能建立地理坐标系和完成地理坐标变换；第二，GIS的数据量比CAD、CAM大得多，结构更为复杂，数据间的联系更为紧密，这是因为GIS涉及的区域广泛、精度要求高、变化复杂、要素众多并相互关联，单一结构难以完整描述；第三，CAD和CAM不具备GIS所具有的地理意义上的空间查询和分析功能。

5. GIS与遥感

遥感是一种不通过直接接触目标物而获得其信息的一种新型的探测技术。它通常是指获取和处理地球表面的信息，尤其是自然资源与人文环境方面的信息，并最终将信息反映在像片或数字影像上的技术。影像通常需要进一步处理然后方可使用，该技术称为图像处理。图像处理包括各种可以对像片或数字影像进行处理的操作，这些操作包括影像压缩、存储、增强、处理以及量化影像模式识别等。目前，遥感已经成为环境研究中极有价值的工具，不同学科的专业人员不断地发现航空遥感的不同数据在各领域内的潜在应用。遥感和图像处理技术被用于获取和处理地球表面有关的信息；GIS的发展则源于对土地属性信息与相应几何表达的集成及空间分析的需求。这两项技术在过去是相互独立发展的，尽管它们实际上是互补的。从地理信息系统本身的角度出发，随着其应用领域的开拓和深入，首先，它要求存储大量的有关数据，通过不断积累和延伸，从而具备反映自然历史过程和人为影响趋势的能力，进而揭示事物发展的内在规律。但是地理信息系统数据库几乎都是通过地图数字化建立起来的，用户不能接触到原始资料及其有关信息，而地理信息系统中的原始数据却是有效地模拟和控制误差传播的基础。其次，地理信息系统为了保持系统的动态性和现势性，它还要求及时地更新系统中的数据，目前在地理信息系统中存储的信息只是现实世界的一个静态模型，需要定时或及时更新。遥感作为一种获取和更新空间数据的强有力手段，能及时地提供准确、综合和大范围内进行动态检测的各种资源与环境数据，因此遥感信息就成为地理信息系统十分重要的信息源。GIS中的数据也可以作为遥感影像分析的一种辅助数据。在两者集成的过程中，GIS主要用于数据处理、操作和分析，而遥感则作为一种数据获取、维护与更新GIS中数据的手段，此外，GIS可用于基于知识的遥感影像分析。地理信息系统和遥感是两个相互独立发展起来的技术领域，随着它们应用领域的不断开拓和自身的不断发展，即由定性到定量、由静态到动态、由现状描述到预测预报的不断深入和提高，它们的结合也逐渐由低级向高级阶段发展。最早的结合工作包括把航空遥感像片经目视判读和处理后编制成各种类型的专题图，然后将它们数字化和输入地理信息系统；从20世纪70年代中后期开始，各种影像分析系统得到了迅速而广泛的发展，大量的遥感数据以及通过图像分析系统进行图像分类所形成的各类专题信息，可以直接输入地理信息系统，整个过程能在“全数字”的环境下进行，图像数据能够在生成编辑地图的屏幕上显示，标志着遥感和地理信息系统的结合进入了新的阶段。

遥感作为空间数据采集手段，已成为地理信息系统的主要信息源与数据更新的途径。遥感图像处理系统包含若干复杂的解析函数，并有许多方法用于信息的增强与分类。另外，大地测量为地理信息系统提供了精确定位的控制系统，尤其是通过北斗卫星定位系统、全球定位系统(GPS)可快速、廉价地获得地表特征的熟悉位置信息。航空像片及其精确测量方法的应用使得摄影测量成为地理信息系统主要的地形数据来源之一。总之，遥感是地理信息系统的主要数据源与更新手段，同时，地理信息系统的应用又进一步支持遥感信息的综合开发与利用。

6. GIS 与一般信息系统

一般信息系统，如办公自动化（OA）系统侧重非图形数据（属性数据）的优化存储、查询与输出。GIS 对空间数据和属性数据共同管理、分析和应用。GIS 是特殊的信息系统，拥有信息系统的基本功能，在信息系统的基础上突出对空间数据的管理、分析和应用，与一般信息系统相比，其突出优势为具有空间分析功能。

1.4　GIS 的发展

1.4.1　GIS 的发展历程

20 世纪 60 年代，随着计算机的普及，人们开始关注空间数据的存储和处理，这是地理信息系统的基础。1963 年，加拿大测量学家 R. F. Tomlinson（罗杰・汤姆林森）首先提出了地理信息系统这一概念，并建立了世界上第一个地理信息系统，即加拿大地理信息系统（CGIS），与此同时，人们开始思考地理信息系统都能干什么。但受限于计算机硬件系统的功能，软件技术的发展也受到了极大的限制。这个时期为地理信息系统的探索阶段，算法粗糙、图形功能有限。多数工作仅限于政府和大学范畴，专家兴趣以及政府需求的推动起着积极的作用。

20 世纪 70 年代，计算机软硬件技术飞速发展，一些国家开始将地理信息系统技术应用到地质、国土资源、城市规划等专题，在人机图形交互技术方面取得了重要的进展。这一阶段为地理信息系统的巩固发展时期，地理信息系统研究的重点为空间数据处理的算法、数据结构和数据库管理，但分析能力仍然较弱。

这一时期，也是我国地理信息系统的起步阶段，虽然较国际上稍晚一个年代，但发展势头相当迅猛，1977 年，我国诞生了第一张由计算机输出的全要素地图。

20 世纪 80 年代，地理信息系统技术与遥感技术的结合，让地理信息技术如虎添翼，而且面向市场全面推进。与此同时，ESRI 公司进入了中国市场，国际合作也日益加强，并且与多种学科领域相互融合，注重空间决策支持分析，这一阶段为地理信息系统技术的突破阶段。随着我国“六五”“七五”计划的实施，国民经济得到全面发展，很快对“信息革命”做出强烈响应。在大力开展遥感应用的同时，地理信息系统也进入了全面试验阶段。1989 年，原武汉测绘科技大学建立了测绘遥感信息工程国家重点实验室，与此同时，很多大学开设了相关课程，为我国测绘领域培养了大批中流砥柱。

20 世纪 90 年代，随着“信息高速公路”“国家空间数据基础设施”“数字地球”计划的提出，GIS 技术成为一种全球、国家、地区或局部区域信息化、数字化的核心空间信息技术，其发展和利用已被许多国家列入国民经济发展规划中。地理信息逐步进入网络 GIS 时代，设计和开发在因特网上运行的 GIS 成为这个时期的主要趋势，地理信息系统技术进入了全面应用和产业化阶段。我国科技部在“九五”科技攻关计划中，将遥感、地理信息系统，全球定位系统技术综合应用研究列入国家“九五”重中之重科技攻关项目。经过十多年的努力，我国涌现出了若干有国际竞争力的地理信息系统软件，如 GeoStar、MapGIS、SuperMap 等。

进入 21 世纪以来，地理信息技术逐渐进入了大众视野，我国的 GIS 在国际舞台中占有了重要地位。“3S”的深度结合为“数字城市”“智慧城市”等提供了可靠的技术保障，一些大的互联网公司如百度、阿里、腾讯、华为等都将 GIS 作为一个重要的发展方向。第 20 届中国互联网大会将“新阶段、新理念、新格局——互联网引领数字经济新发展”作为主题。2017 年以来，我国地理信息产业产值逐年上升(图 1-6)，蓬勃发展的 GIS，在人们的衣、食、住、行等各个方面都扮演了越来越重要的角色，改变了我们的生活方式，变革了我们的认知体系，GIS 技术在实现我们中华民族伟大复兴的道路上必将绽放出更加绚烂的光彩。

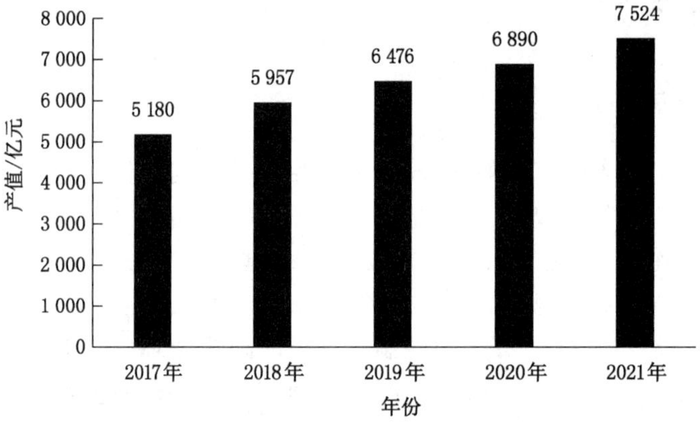

图 1-6　2017—2021 年我国地理信息产业产值

1.4.2 “GIS＋”的发展

地理信息行业不仅有着蓬勃发展的态势，更有着广阔的发展前景，能与矿山、国土、环境、军事、交通、林业、农业、旅游、医疗、物流等几乎各个行业结合，并促使这些行业产生变革性的发展。同时，在人与机器人共存的万物互联时代，人与机器人的协作成为必然，如何满足人与机器人的共同需求，让人和机器人能够同步获取相同的信息成为挑战。“GIS＋”这一概念完美地诠释了这一特点。

“GIS＋”即“GIS＋everything”，“everything”可以是各种行业、各种应用，这也印证了地理信息的概念，即地理信息是有关地理实体的性质、特征和运动状态的表征和一切有用的知识，此处“一切有用的知识”，也可以理解为“everything”，而“有用”是一个非常主观的概念，正因为主观性强，才更能体现出人的能动性和 GIS 的延展性。

1. GIS＋房产

以超图智慧房产综合管理平台为例，该平台以全面提升房产业务信息化水平为总体目标，利用互联网＋、GIS、大数据、二三维一体化等新技术手段，构建技术一体化、数据一体化、业务一体化、网络一体化的全房产业务信息化体系，面向政府具有提升房产交易、资金监管、房产精细化管控、物业管理、住房保障等各类房产业务办理能力，面向公众具有创新社会化房产业务服务模式，可以做到全面促进房产业务办理科学化、智能化发展，提升房产业务办理效率以及为民服务水平，从而为政府开展房产调控、落实保障房产政策等提供强有力的技术支撑。超图智慧房产综合管理平台如图 1-7 所示。

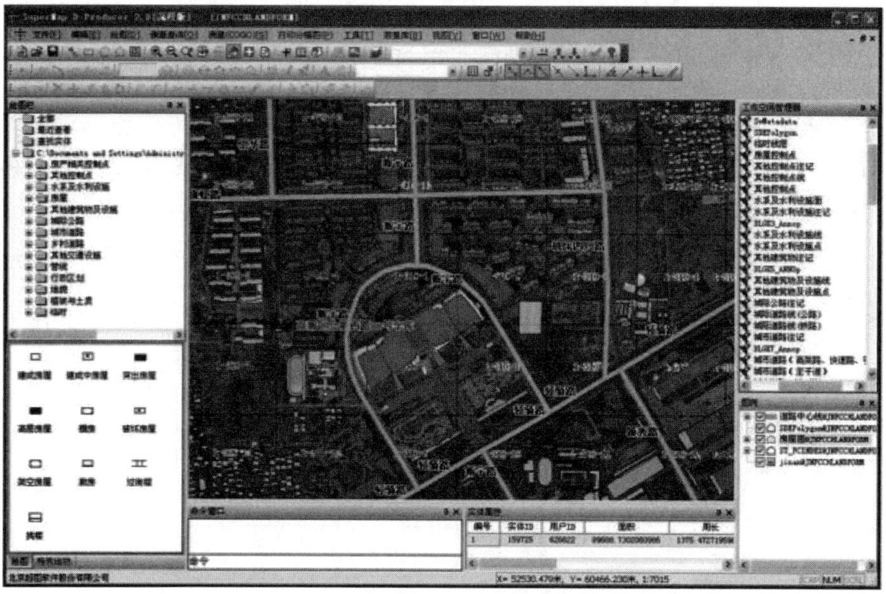

图 1-7　超图智慧房产综合管理平台

2. GIS＋矿山

以航天宏图公司自主创新研制的新一代遥感图像处理软件 PIE（pixel information expert）为例，该软件结合 GIS 与卫星遥感技术，可以应用到矿产资源开采与利用中，通过对重要成矿带进行遥感影像解译，可以提取岩性、构造、重点区成矿/控矿地质要素以及蚀变等重要信息，同时结合成矿地质背景、成矿/控矿条件，参考航磁、重力、物探、化探等资料，能够用于开展成矿预测工作，最终圈定找矿靶区。矿产资源遥感解译专题产品如图 1-8 所示。

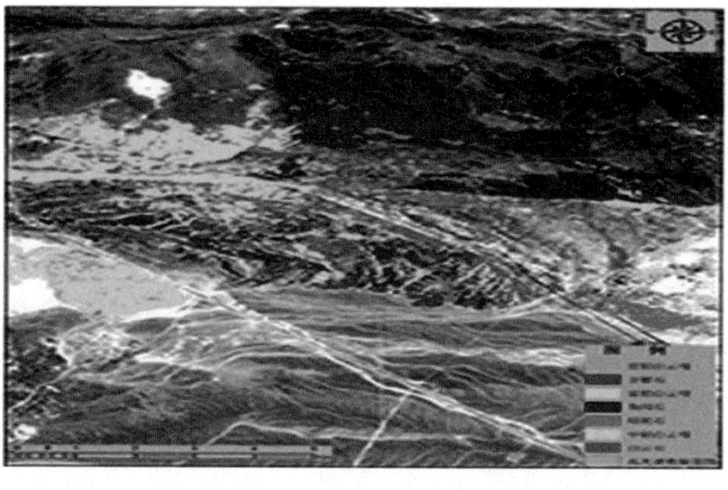

图 1-8　矿产资源遥感解译专题产品

思考题

1. 请用自己的语言从不同的角度描述 GIS 是什么，可举例说明。

2. 请举例说明对地理信息三个特征的理解。

3. 请阐述 GIS 与本专业其他专业课程之间的关系。

4. “GIS＋”是一种行业趋势，更是 GIS 的魅力，请想象 GIS 都能“＋”什么，并说明你的理解，可分组讨论汇报。

第 2 章　地理信息系统的功能与组成

2.1　GIS 的功能

地理信息系统将现实世界从自然环境转移到计算机环境，其作用不仅仅是真实环境的再现，更主要的是 GIS 能为各种分析提供决策支持。也就是说，GIS 实现了对空间数据的采集、编辑、存储、管理、分析和表达等加工处理，其目的是从中获得更加有用的地理信息和知识。这里“有用的地理信息和知识”可归纳为位置、条件、变化趋势、模式和模拟等 5 个基本问题，GIS 的价值和作用就是通过地理对象的重建和空间分析工具，实现对这 5 个基本问题的求解。

1. 位置

位置问题回答“在某个特定的位置有什么”。一般通过地理对象的具体位置进行定位，然后利用查询功能获取其性质，如建筑物的名称、地点、建筑时间、使用性质等。位置问题是地学领域最基本的问题，反映在 GIS 中，则是空间查询技术。

2. 条件

条件问题即“满足某些条件的地理对象在哪里”的问题。它通过地理对象的属性信息列出条件表达式，进而查找满足该条件的地理对象的空间分布位置。例如，查询黑龙江省面积最大的城市、与哈尔滨市相邻的地级市、全国范围内的一类革命老区、某条道路沿线的加油站等。

3. 变化趋势

变化趋势即某个地方发生的某个事件及其随时间的变化过程。它要求 GIS 根据已有的数据(现状数据、历史数据等)，能够对现象的变化过程做出分析判断，并能对未来做出预测和对过去做出回溯。例如，已知某个时间范围内的土地利用类型数据，分析土地利用类型之间是如何转换的，转换了多少，未来 10 年将会继续发生怎样的转换。

4. 模式

模式问题即地理对象实体和现象的空间分布之间的空间关系问题。例如，城市中不同功能区的分布与居住人口分布的关系模式；地面气温随海拔升高降低导致山地自然景观呈现垂直地带分异的模式；等等。

5. 模拟

模拟问题即某个地方如果具备某种条件会发生什么的问题，是在模式和变化趋势的基础上，建立现象和因素之间的模型关系，从而发现具有普遍意义的规律。例如，在研究某一城市的犯罪概率和酒吧、交通、照明、警力等分布的耦合关系基础上，对其他城市进行相关问题研究，一旦发现带有普遍意义的规律，便可将研究推向更高的层次，建立通用的分析模型进行未来的预测和决策。

为了完成上述地理信息系统的核心任务，需要采用不同的功能来实现它们。尽管目前商用 GIS 软件包的优缺点是不同的，而且它们在实现这些功能时所采用的技术也是不一样的，但是大多数商用 GIS 软件包都提供了如下功能：数据的采集、数据编辑与处理、数据存储与组织、空间查询与分析以及数据输出。

为实现对上述问题的求解，GIS 首先要重建真实的地理环境，而地理环境的重建需要获取各类空间数据（数据获取），这些数据必须准确可靠（数据编辑与处理），并按照一定的结构进行组织和管理（空间数据库），在此基础上，GIS 还必须提供各种求解工具（空间分析），以及对分析结果的表达（数据输出）。因此，GIS 应具备以下基本功能。

2.1.1 数据采集功能

数据采集功能主要用于获取数据，保证地理信息系统数据库中的数据在内容与空间上的完整性、数值逻辑一致性与正确性等。数据是 GIS 的血液，贯穿于 GIS 的各个过程，数据获取是 GIS 的第一步，即通过各种数据采集设备如全站仪、GNSS（全球导航卫星系统）等来获取现实世界的描述数据，并输入 GIS（图 2-1）。所以 GIS 应该尽可能提供与各种数据采集设备的通信接口。一般而论，地理信息系统数据库的建设占整个系统建设投资的 70%或更多，并且这种比例在短时间内不会有明显的改变。因此，信息共享与自动化数据输入成为地理信息系统研究的重要内容。

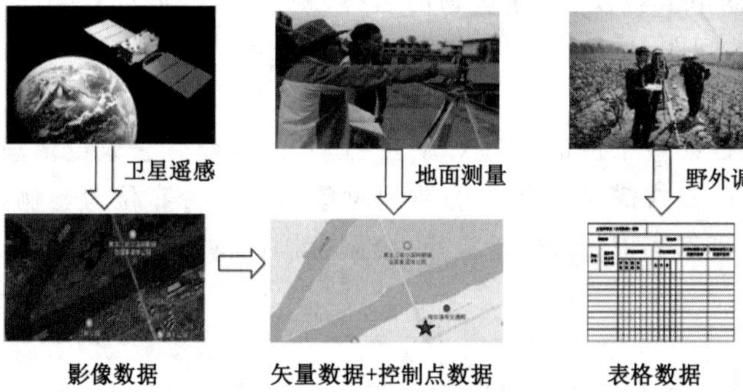

图 2-1 数据采集功能

2.1.2 数据编辑与处理功能

通过数据采集获取的数据称之为原始数据，原始数据不可避免地含有误差。为保证数据在内容、逻辑、数值上的一致性和完整性，需要对数据进行编辑、格式转换、拼接等一系列的处理工作（图 2-2）。也就是说，GIS 应该提供强大的、交互式的编辑功能，包括图形编辑、数据变换、数据重构、拓扑建立、数据压缩、图形数据与属性数据的关联等。

2.1.3 数据存储与组织功能

计算机的数据按照一定的结构进行组织和管理，才能高效地再现真实环境和进行各种分析。由于空间数据本身的特点，一般信息系统中的数据结构和数据库管理系统并不适合

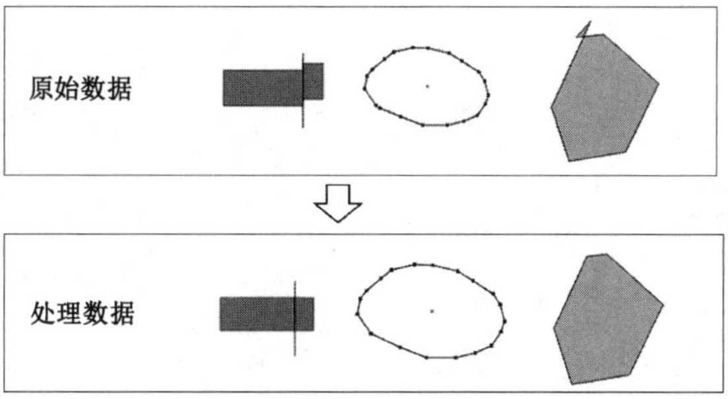

图 2-2　数据编辑与处理过程示意图

管理空间数据。所以 GIS 必须发展自己特有的数据存储与组织功能，这是建立地理信息系统数据库的关键步骤，涉及空间数据和属性数据的组织（图 2-3），构建栅格模型、矢量模型或栅格/矢量混合模型是常用的空间数据组织方法。空间数据结构的选择在一定程度上决定了系统所能执行的数据分析功能。在地理数据组织与管理中，最为关键的是如何将空间数据与属性数据融合为一体。目前大多数系统都是将二者分开存储，通过公共项（一般定义为地物标识码）来连接。这种组织方式的缺点是数据的定义与数据操作相分离，无法有效记录地物在时间域上的变化。

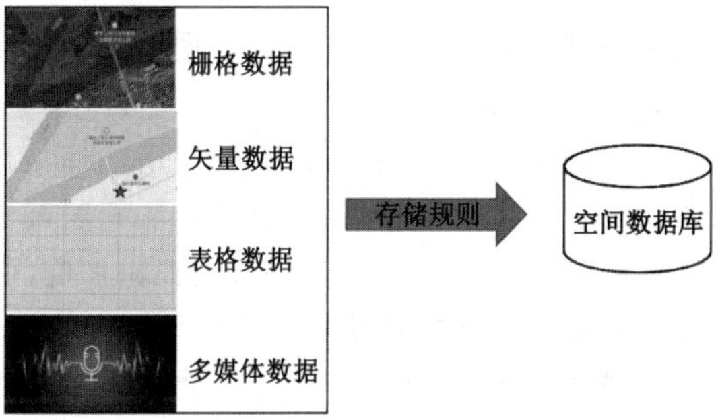

图 2-3　数据存储、组织与管理功能

2.1.4　空间查询与分析功能

如图 2-4 所示，某城市想要新建公园，想选择一处依山傍水、交通方便，而且环境优美的区域建设城市公园。目前已知该城市的地形信息、水系信息、道路信息和植被信息，该如何选择满足上述条件的公园备选区域？选址问题是一个典型的空间查询与分析问题，也是一个典型的社会需求问题。

空间查询是地理信息系统以及许多其他自动化地理数据处理系统应具备的最基本的分析功能；而空间分析是地理信息系统的核心功能，也是地理信息系统与其他计算机系统的根本区别，是比空间查询更深层次的应用，内容更加广泛，包括地形分析、缓冲区分析、叠置分析、网络分析等。模型分析是指在地理信息系统的支持下，分析和解决现实世界中与空间相关的问题，它是地理信息系统应用深化的重要标志。地理信息系统的空间分析可分为三个不同的层次，分别为空间检索、空间拓扑叠加分析和空间模型分析。

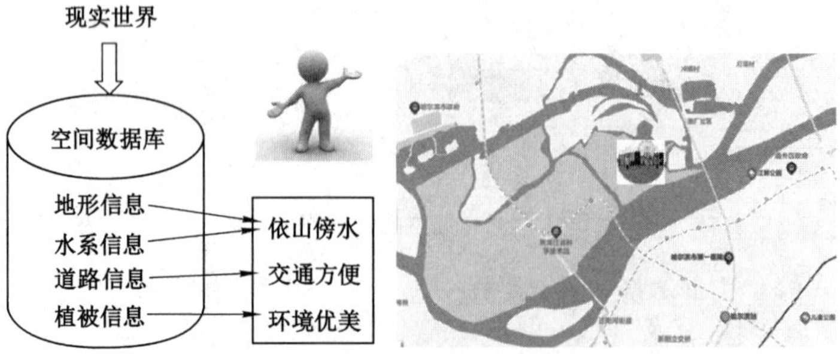

图 2-4　空间分析实例

空间检索，包括从空间位置检索空间物体及其属性和从属性条件集检索空间物体。“空间索引”是空间检索的关键技术，一方面，如何有效地从大型的地理信息系统数据库中检索出所需信息，将影响地理信息系统的分析能力；另一方面，空间物体的图形表达也是空间检索的重要部分。

空间拓扑叠加分析，实现了输入要素属性的合并以及要素属性在空间上的连接。空间拓扑叠加的本质是空间意义上的布尔运算。

在空间模型分析方面，目前多数研究工作着眼于如何将地理信息系统与空间模型分析相结合。其研究可分为以下三类。

第一类是地理信息系统外部的空间模型分析，将地理信息系统当作一个通用的空间数据库，而空间模型分析功能则借助其他软件。

第二类是地理信息系统内部的空间模型分析，试图利用地理信息系统软件来提供空间分析模块以及发展适用于问题解决模型的宏语言，这种方法一般基于空间分析的复杂性与多样性，易于理解和应用，但由于地理信息系统软件所能提供的空间分析功能极为有限，这种紧密结合的空间模型分析方法在实际地理信息系统的设计中使用较少。

第三类是混合型的空间模型分析，其宗旨在于尽可能地利用地理信息系统所提供的功能，同时也充分发挥地理信息系统使用者的能动性。

2.1.5　数据输出功能

地理信息系统为用户提供了许多用于地理数据表现的工具，通过图形、表格和统计图表显示空间数据及分析结果是 GIS 项目的必需。一个好的地理信息系统应能提供一种良好的、交互式的制图环境，以供地理信息系统的使用者设计和制作出高质量的地图。GIS 脱胎于计算机制图，因而 GIS 的一个主要功能就是计算机地图制图，包括地图符号的设计及配置与符号化、地图注记、图幅整饰、统计图表制作、图例与布局等内容。此外，对属性数据也要设计报表输出，并且这些输出结果需要在显示器、打印机、绘图仪等设备上输出。GIS 软件亦应具有驱动这些设备的能力。数字高程模型的三维展示效果如图 2-5 所示。

GIS 基本功能的实现过程如下：首先运用数据采集方法获取表达真实世界的数据，并对获取的原始数据进行编辑等预处理工作形成结构化数据，其次将数据按照一定数据结构和规则存储进空间数据库，然后可对该数据库中的数据进行空间查询和空间分析，对查询和分析结果进行交互展示，最终以可视化的形式输出，输出的结果可以作用于真实世界，辅助

图 2-5　数字高程模型的三维展示效果

人类对真实世界进行认知和探索。GIS 基本功能的实现过程如图 2-6 所示。

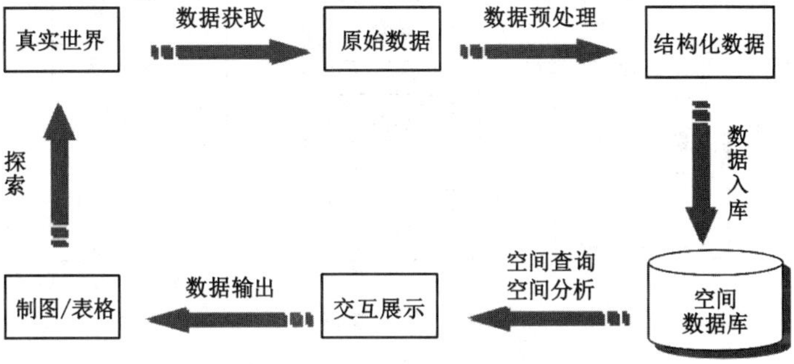

图 2-6　GIS 基本功能的实现过程

2.2　GIS 的组成

与普通的信息系统相似,GIS 功能的实现需要一定的环境支持,GIS 运行的环境包括计算机硬件系统、软件系统、空间数据和人员。其核心部分是计算机软硬件系统,空间数据是 GIS 的“血液”,反映了 GIS 的内涵,而人员则决定了系统的工作方式和信息的表示方式。GIS 的组成如图 2-7 所示。

图 2-7　GIS 的组成

2.2.1　硬件系统

计算机硬件系统是计算机系统中实际物理装置的总称,可以是电子的、电的、磁的、机械的、光的元件或装置，是 GIS 的物理外壳。系统的规模、精度、速度、功能、形式、使用方法甚至软件都与硬件有极大的关系，其受硬件指标的支持或制约。

GIS 硬件系统包括输入设备、处理设备、存储设备和输出设备。其中处理设备、存储设备和输出设备与一般信息系统并无差别，但由于 GIS 处理的是空间数据，其数据输入设备除了常规的设备外，还包括空间数据采集的专用设备，如 GNSS、全站仪、测量机器人、数字摄影测量工作站等。GIS 硬件构成如图 2-8 所示。

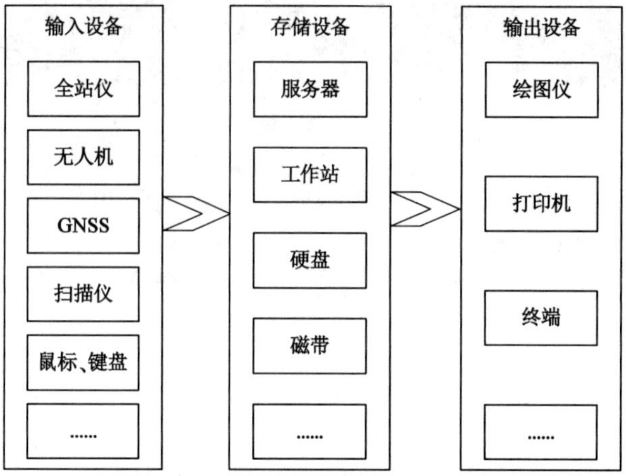

图 2-8　GIS 硬件构成

2.2.2　软件系统

软件系统是指 GIS 运行所必需的各种程序，通常包括 GIS 支撑软件、GIS 平台软件和 GIS 应用软件三类(图 2-9)。其中 GIS 支撑软件是指 GIS 运行所必需的各种软件环境，如操作系统、数据库管理系统、图形处理系统等；GIS 平台软件包括实现 GIS 功能所必需的各种处理软件，一般包括空间数据输入与转换、空间数据编辑、空间数据管理、空间查询与空间分析、制图与输出等五部分，称之为 GIS 五大子系统；GIS 应用软件一般是在 GIS 平台软件的基础上，通过二次开发所形成的具体的应用软件，一般是面向应用部门的。

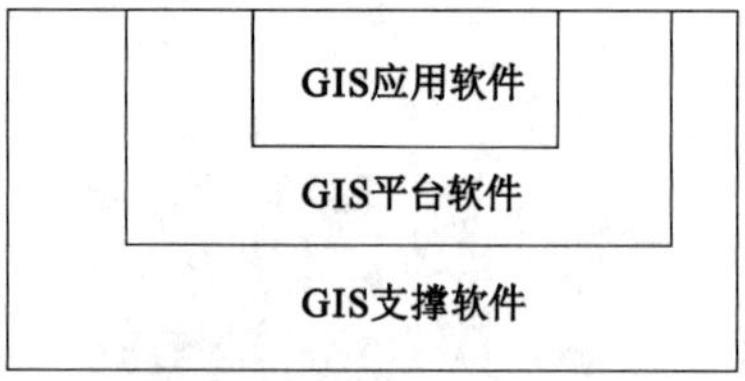

图 2-9　GIS 软件构成

2.2.3　空间数据

地理空间数据是指以地球表面空间位置为参照的自然、社会和人文景观数据，可以是图形、图像、文字、表格和数字等。地理空间数据是地理信息系统的操作对象，也是地理信息系统能够发挥其功能的基础，与一般的管理信息系统以属性数据为主的数据组成有着较大的区别。空间数据准确、高效获取是 GIS 平稳运行的基础。

数据在 GIS 工程中的成本占比约 70%，整个地理信息系统就是围绕着空间数据的采集、处理、存储、分析和表现而展开的，因此空间数据来源、采集手段、生成工艺、数据质量都直接影响地理信息系统应用的潜力、成本和效率。

2.2.4　人员

人是 GIS 的重要构成因素。地理信息系统从其设计、建立、运行到维护的整个生命周期，处处都离不开人的作用。地理信息系统开发失败的因素构成如图 2-10 所示。仅有系统软硬件和数据还构不成完整的地理信息系统，还需要人进行系统组织、管理、维护和数据更新，系统扩充完善，应用程序开发，并灵活采用地理分析模型提取多种信息，为研究和决策服务。这些人员包括系统开发人员、数据生产人员和 GIS 的最终用户等，他们的业务素质和专业知识是 GIS 工程及其应用成败的关键。

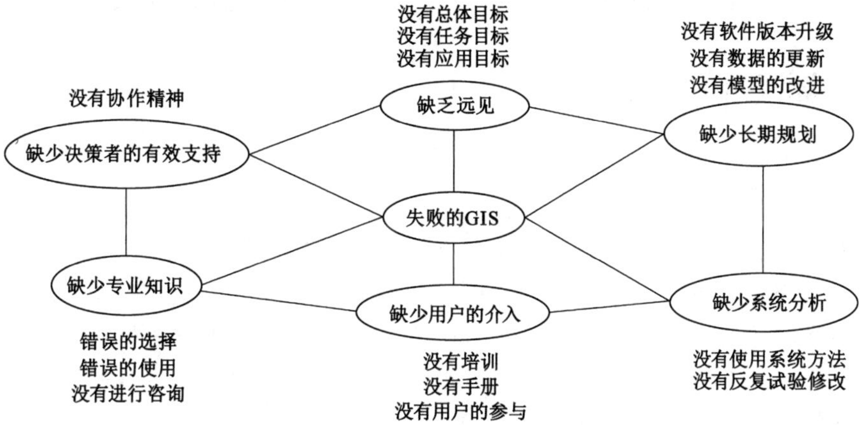

图 2-10　地理信息系统开发失败的因素构成

思考题

1. 已知某城市的交通地理信息指挥系统，请论述该系统能提供哪些有用的地理信息和知识，以及是如何提供的，并展开说明。

2. GIS 由哪些环节组成？说明各个环节在一个 GIS 中的意义。

3. 请查阅资料，分析 GIS 涉及哪些人员，对应哪些工作岗位，以及这些岗位的主要职责。

4. 论述一个矿山 GIS 应具备哪些功能。

5. 请对照 GIS 软件，找出软件中的数据采集功能、编辑功能、空间查询功能、空间分析功能，并各举两个例子。

第3章　地理空间数学基础

地理实体空间位置的描述，依赖于一个确定的空间参考，而空间参考的描述，又依赖于一个能用数学语言描述的地球。然而，地球并不是一个规则的球体，地球表面包含了起伏的陆地和海洋，如何将地球表面构建成一个严谨的数学曲面？这是本章需要解决的第一个问题。第二个问题，如何将地表三维信息展开到二维平面中，以便于视图和应用？这就需要解决空间数据投影以及坐标转换的问题。

以上问题本章将详细展开讲解。地理空间数学基础是正确地应用 GIS 数据，并完成空间数据定位、量算、转换和进行空间分析的前提，是 GIS 重要的基础理论知识。

3.1　地球空间参考

3.1.1　地球的形状

为了更好地研究地理空间，有必要建立地球表面的几何模型。然而地球是一个近似球体，其自然表面是一个极其复杂的不规则曲面，而且地形起伏很大，有高于海平面 8 848.86 m 的珠穆朗玛峰，有低于海平面 11 034 m 的马里亚纳海沟，所以，地球表面的形态非常复杂，难以用数学公式描述，不适合数学建模。因此，我们要想办法对地球进行近似表达和概括。地球表面示意如图 3-1 所示。

图 3-1　地球表面示意

第一级近似为水准面包含的球体。地球上任何一点都要同时受到两个力的作用：一是因地球自转而产生的离心力；二是地心的引力。两者的合力就是作用于该点的重力。引力、离心力、重力的关系如图 3-2 所示。重力的作用方向线称为重力线或铅垂线。处于自由静止状态的水面称为水准面。由物理学原理可知水准面是重力等位面，过水准面上任一点的重力线与其垂直，如图 3-3 所示。地球内部物质密度不均匀，使得重力线方向不规则地指向地球内部，也使得水准面具有不规则性。静止水面有无数个，水准面也就有无数个。因此不能用水准面来描述我们的地球。

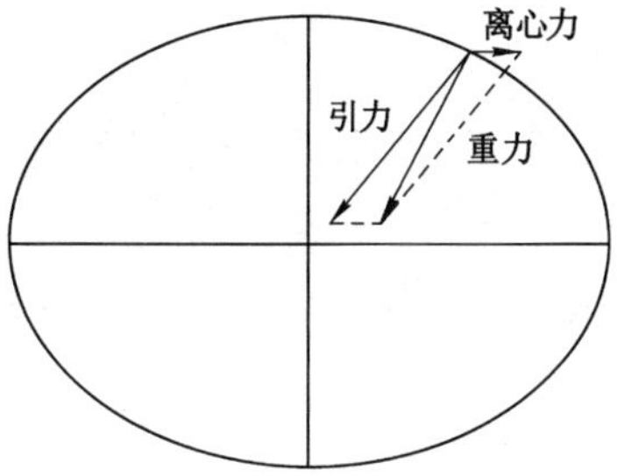

图 3-2　引力、离心力、重力的关系

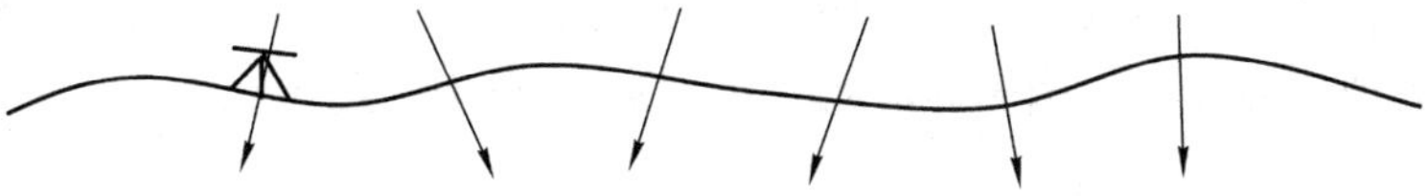

图 3-3　与地球重力方向处处正交的水准面

第二级近似为大地水准面所包围的球体。我们已经知道，水准面有无数多个。所以我们需要选择一个十分接近地球自然表面又能唯一代表地球形状和大小的水准面作为统一的标准。所以，我们假设当海水处于完全静止的平衡状态时，将海平面延伸到所有大陆下部，这样就形成了一个与地球重力方向处处正交的连续、封闭的水准面，这个特殊的水准面就称为大地水准面(图 3-4)，大地水准面是唯一选定的水准面，其形状是由地球的重力场决定的。由大地水准面所包围的形体称为大地体，可以用来代表地球的形体。

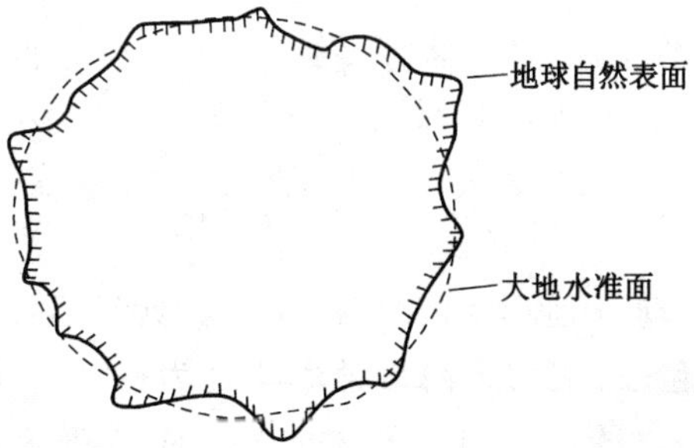

图 3-4　大地水准面

尽管大地水准面比实际的地球自然表面要平滑得多，但实际上由于地质条件等因素的影响，大地水准面存在局部的不规则起伏，并不是一个严格的数学曲面，在测量和 GIS 应用中仍然存在极大的困难。

第三级近似是旋转椭球体，也称地球椭球，如图 3-5 所示。大地水准面无法用数学公式把它精确地表达出来，因而也就不能确切描述它的形状。由此看来，必须寻找一个与大地体相近的理想几何体，并能用数学模型表示的规则形体来描述地球的形状和大小。该几何体必须满足两个条件：① 形状接近地球自然形体；② 可以用简单的数学公式表示。

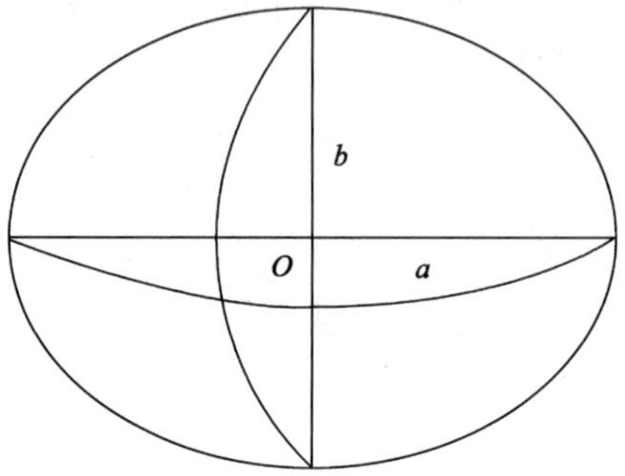

图 3-5　地球椭球

长期的测量实践研究已证明，大地体与以椭圆的短轴为旋转轴的旋转椭球体极为接近，而旋转椭球体是可以用数学公式严格表示的。因此世界各国通常用旋转椭球体描述地球的形状，称为地球椭球。地球椭球的元素及元素之间的关系如下所示。

(1) 长半径：a；

(2) 短半径：b；

(3) 扁率：$f=\frac{a-b}{a}$；

(4) 第一偏心率：$e=\sqrt{\frac{a^2-b^2}{a^2}}$；

(5) 第二偏心率：$e'=\sqrt{\frac{a^2-b^2}{b^2}}$。

地球椭球表面能够在全球范围内与大地水准面最好拟合的称为总地球椭球，总地球椭球必须以全球范围的天文、大地测量和重力测量资料为根据，这样才有可能确定。地球椭球理论上是唯一的数学球体，但参数全球难以统一确定，因此世界上不同的区域会根据其区域局部的测量资料推算出适应自身区域的具体参数，这是与本区域大地水准面最好拟合的地球椭球。该形状与大小以及与大地体的相关位置均已确定的地球椭球称为参考椭球，其表面称为参考椭球面。

有了参考椭球，在实际建立地理空间坐标系统的时候，还需要指定一个大地基准面将这个椭球体与大地体联系起来，在大地测量学中称之为椭球定位。所谓的定位，就是依据一定的条件，将具有给定参数的椭球与大地体的相关位置确定下来。这里所指的一定条件，可以理解为两个方面：一是依据什么要求使大地水准面与椭球面符合；二是对轴向的规定。参考椭球的短轴与地球旋转轴平行是参考椭球定位的最基本要求。强调局部地区大地水准面与椭球面符合较好的定位，通常称为参考定位，如我国的 1980 年西安坐标系；强调全球大地水准面与椭球面符合较好的定位，通常称为绝对定位，如 WGS-84 坐标系。椭球定位是一项复杂的专业工作，定位的好坏直接影响后续测绘成果的质量。这也就是为什么一个国家或者国际大地测量组织，随着空间技术的发展以及观测资料的积累，每经过一段时期，会推出新的参考椭球参数，修正正在使用的地理空间坐标的具体定义。

3.1.2　坐标系统

在地理学中，坐标的定义是确定位置关系的数据值集合。而坐标系统指的是一种特定的数学模型，在此数学模型中，地理空间中的每一个点都能够被一组数值唯一表示，而这组坐标值都是相对一个固定的基础求得的。所以建立地理坐标系的主要目的是确定地面点的位置。地理空间坐标系通常分为球面坐标系和平面坐标系，平面坐标系也常被称为投影坐标系统。地理空间坐标分类如图 3-6 所示。本节主要介绍大地坐标系、空间直角坐标系和平面直角坐标系。

- 地理空间坐标系统
  - 球面坐标系统
    - 天文地理坐标系
    - 大地地理坐标系
    - 空间直角坐标系
      - 参心空间直角坐标系
      - 地固空间直角坐标系
  - 平面坐标系统
    - 高斯平面直角坐标系
    - 地方独立平面直角坐标系
    - ⋮

图 3-6　地理空间坐标分类

1. 大地坐标系

如图 3-7 所示，P 点的空间位置用大地坐标(L,B,H)表示，大地坐标系的基准线和基准面分别是过 P 点的法线和椭球面。大地经度 L 和大地纬度 B 表示 P 点的水平位置。过 P 点的子午面与起始子午面的夹角 L 称为该点的大地经度，描述其东西方向的位置；过 P 点的椭球法线与赤道面的夹角 B 称为该点的大地纬度，描述其南北方向的位置；P 点沿法线到椭球面的距离 H 称为该点的大地高，描述其竖直方向的位置。P 点的大地经纬度可以由天文观测测得的天文经纬度经垂线偏差改正得到，也可以由卫星大地测量方法测得。

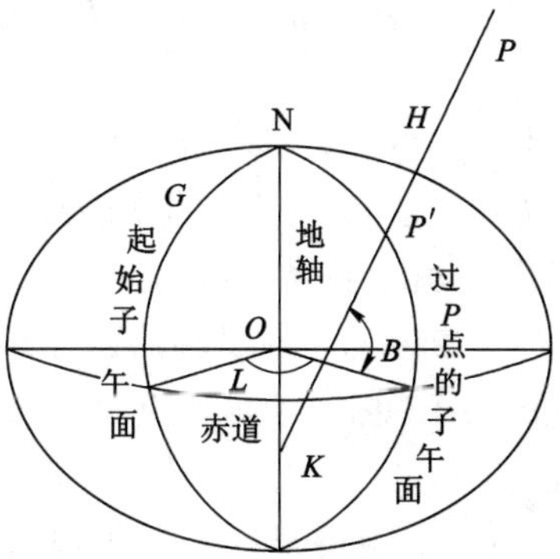

图 3-7　大地坐标系

2. 空间直角坐标系

如图 3-8 所示，P 点的空间位置用空间直角坐标(x, y, z)表示。空间直角坐标系的 Z 轴与地球椭球的短轴重合，X 轴指向起始子午面与赤道面交线方向，X、Y、Z 轴符合右手规则。空间直角坐标系与大地坐标系本质上是同一种坐标系的两种表达形式。

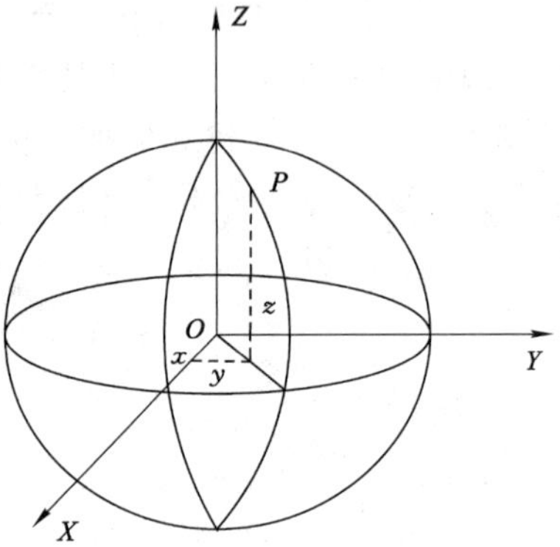

图 3-8　空间直角坐标系

空间直角坐标可以利用下式求得：

$$\left.\begin{aligned} x &= (N + H)\cos B\cos L \\ y &= (N + H)\cos B\sin L \\ z &= [N(1 - e^2) + H]\sin B \end{aligned}\right]$$

式中，

$$e^2 = \frac{a^2 - b^2}{a^2}$$

$$N = \frac{a}{\sqrt{1 - e^2\sin^2 B}}$$

3. 平面直角坐标系

(1) 高斯平面直角坐标系

我国基本比例尺地形图除 1∶100 万外均采用高斯-克吕格投影(关于高斯-克吕格投影详见 3.2.5 小节)，在高斯-克吕格投影带内布置平面直角坐标系统，以便于地形图的量测等作业。

高斯平面直角坐标系的具体构成方式为：规定以中央经线为 X 轴，赤道为 Y 轴，中央经线与赤道的交点为坐标原点。同时规定，x 值在北半球为正，在南半球为负；y 值在中央经线以东为正，在中央经线以西为负。由于我国疆域均在北半球，x 值皆为正值。为了方便计算，避免 y 值出现负值，还规定各投影带的坐标纵轴均西移 500 km，这样中央经线上的原横坐标值由 0 变为 500 km，在整个投影带内 y 值就不会出现负值了。

(2) 独立平面直角坐标系

当测量区域(如半径小于 10 km 的范围)较小时，可以将其当作平面来看待，在此平面上建立平面直角坐标系，地面点的位置可用平面直角坐标来确定。为方便测量和计算，原点通常选在测区的西南角，使测区内各点均处于第一象限，坐标值均为正值。建立地方独立坐标系，实际上就是通过一些元素的确定来决定地方参考椭球与投影面。

测量工作中的平面直角坐标系与数学中的笛卡尔平面直角坐标系有以下两方面的区别：以南北方向为纵轴，记为 X 轴，轴向北为正，向南为负；以东西方向为横轴，记为 Y 轴，轴向东为正，向西为负——X 轴与 Y 轴互换。测量坐标系中象限按顺时针方向编号，这也与数学上的规定是不同的，目的是定向方便，而且可以将数学中的公式直接应用到测量计算中。

3.1.3　CGCS2000

中华人民共和国成立以来，我国先后采用了 1954 年北京坐标系、1980 年西安坐标系，自 2008 年 7 月 1 日开始，启用 2000 国家大地坐标系。

2000 国家大地坐标系(China geodetic coordinate system 2000，CGCS2000)由原点、尺度、坐标轴的定向及其时间演变定义，由地面点集合的坐标和速度实现。空间直角大地坐标变换为大地经纬度和大地高坐标，采用 CGCS2000 参考椭球。大地经纬度变换为地图平面坐标，采用高斯-克吕格投影或墨卡托投影。

CGCS2000 为协议地球参考系，符合国际地球参考系统(ITRS)的下列定义：

(1) 原点在包括海洋和大气的整个地球的质量中心；

(2) 长度单位是国际单位制(SI)米(m)，这一尺度同地心局部框架的 TCG(地心坐标时)时间坐标一致；

(3) 定向在 1984.0 时与 BIH(国际时间局)的定向一致；

(4) 定向随时间的演变使得整个地球的水平构造运动无整体旋转。

CGCS2000 为右手地固直角坐标系，它的原点和轴向定义如下：

(1) 原点在地球的质量中心；

(2) Z 轴指向 IERS(国际地球自转服务组织)参考极(IRP)方向；

(3) X 轴为 IERS 参考子午面(IRM)与通过原点且同 Z 轴正交的赤道面的交线；

(4) Y 轴与 Z 轴、X 轴构成右手直角坐标系。

CGCS2000 采用 CGCS2000 参考椭球，参考历元是 2000.0。

CGCS2000 的定义如图 3-9 所示，CGCS2000 参考椭球是旋转椭球，其几何中心与 CGCS2000 的原点重合，旋转轴与 CGCS2000 的 Z 轴一致，其表面代表地球的数学表面，CGCS2000 参考椭球是其表面为正常重力场的等位面的正常椭球。我国不同时期坐标系所采用的地球椭球及其几何参数如表 3-1 所示。

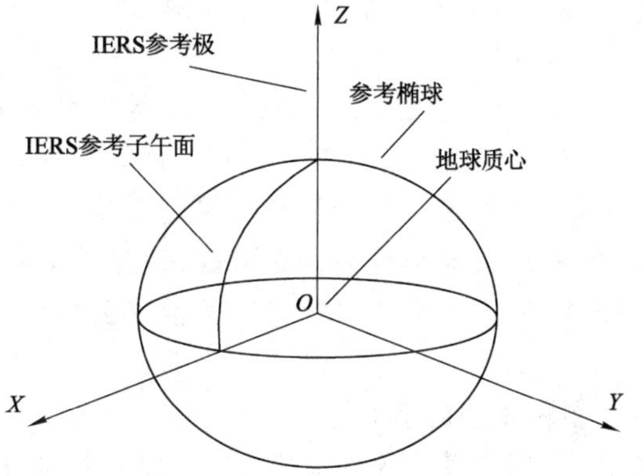

图 3-9　CGCS2000 的定义

表 3-1 我国不同时期坐标系所采用的地球椭球及其几何参数

参数类型	1954 年北京坐标系	1980 年西安坐标系	WGS-84 坐标系	CGCS 2000
椭球名称	克拉索夫斯基椭球	1975 国际椭球	WGS-84 椭球	CGCS2000 参考椭球
长半轴(a)/m	6 378 245	6 378 140	6 378 137	6 378 137
短半轴(b)/m	6 356 863.018 77	6 356 755.288 16	6 356 752.314 2	6 356 752.314 14
极曲率半径(c)/m	6 399 698.901 78	6 399 596.651 99	6 399 593.625 8	6 399 593.625 86
第一偏心率(e)	0.081 813 334 016 93	0.081 819 221 455 52	0.081 819 190 842 6	0.081 819 191 042 8
第二偏心率(e')	0.082 088 521 820 56	0.082 094 468 872 59	0.082 094 437 949 6	0.082 094 438 151 9
扁率(f)	1/298.3	1/298.257	1/298.257 223 563	1/298.257 222 101

CGCS2000 参考椭球由四个常数 a、f、GM、ω 定义。参考椭球的定义常数如下。

长半轴：

$$a=6\ 378\ 137\ \text{m}$$

扁率：

$$f = 1/298.257\ 222\ 101$$

地心引力常数(含大气层)：

$$GM=3.986\ 004\ 418\times10^{14}\ \text{m}^3/\text{s}^2$$

地球自转角速度： $\omega=7.292\ 115\times10^{-5}\ \text{rad/s}$

3.1.4 高程基准

高程表示地球上一点至参考基准面的距离，就一点位置而言，它和水平量值一样，都是不可缺少的。它和水平量值一起来统一表达点的位置。它对于人类活动包括国家建设和科学研究乃至人们生活而言是最基本的地理信息。从测绘学的角度来讨论，所谓高程是对于某一具有特定性质的参考面而言的。没有参考面，高程就失去意义，同一点其参考面不同，高程的意义和数值都不同。例如，正高以大地水准面为参考面，正常高以似大地水准面为参考面，而大地高则以地球椭球面为参考面。这种相对不同性质的参考面所定义的高程体系称为高程系统。

通常所说的高程是以平均海面为起算基准面的，所以高程也被称作标高或海拔高，包括高程起算基准面和相对这个基准面的水准原点(基点)高程。高程基准是推算国家统一高程控制网中所有水准高程的起算依据，它包括一个水准基面和一个永久性水准原点。

水准基面，通常采用大地水准面，它是一个延伸到全球的静止海水面，也是一个地球重力等位面，实际上确定的水准基面则是取验潮站长期观测结果而计算出来的平均海面。一个国家和地区的高程基准，一经确定一般不轻易变更。近几十年的研究表明，平均海面并不是真正的重力等位面，它相对大地水准面存在着起伏，并且由于高程基准观测地点及观测时间的影响，随着科学技术的不断进步以及时间的推移会提出新的问题，所以必要时建立新的基准不可避免。

我国高程的起算面是黄海平均海水面。

(1) 1956 年黄海高程系：以青岛港验潮站的长期观测资料推算出的黄海平均海平面作为中国的水准基面，即零高程面。中国水准原点建立在青岛验潮站附近。用精密水准测量测定水准原点相对黄海平均海水面的高差，即水准原点的高程，作为全国高程控制网的起算高程。

(2) 1985 国家高程基准：基准面为青岛大港验潮站 1952—1979 年验潮资料确定的黄海平均海水面。与 1956 年黄海高程基准相比其高程差为 29 mm。这一高程基准面只与青岛验潮站所处的黄海平均海水面重合。所以，我国陆地水准测量的高程起算面不是真正意义上的大地水准面。要将这一基准面归化到大地水准面，必须扣掉青岛验潮站海面地形高度。初步研究表明，青岛验潮站平均海水面高出全球平均海水面 0.1 m，比采用卫星测高确定的全球大地水准面高(0.26±0.05)m。

除此之外，我国以前曾经使用过多个高程基准，如大连高程基准、大沽高程基准、废黄河高程基准、坎门高程基准、罗星塔高程基准等。现在我国的一些地区，还同时采用其他高程系统，如长江流域习惯采用吴淞高程基准、珠江地区习惯采用珠江高程基准等。

3.2 空间数据投影

3.2.1 地图投影的概念

地面点虽然可以沿法线表示到参考椭球面上，但是缩小的球面(如地球仪)不便于使用和保管，也不利于大比例尺测绘测量，所以我们一般使用平面图。参考椭球面是不可展曲面，不可能用物理的方法将它展成平面。因为那样必然会使曲面产生裂口、褶皱和重叠。若用这种具有裂口或褶皱的曲面绘制地图，显然是不实际的，所以必须采用特殊的方法将曲面展开，使其成为没有裂口或褶皱的曲面。因此，要把参考椭球面上的点、线、面换算到平面上，就要解决曲面到平面的矛盾。为了解决这一问题，地图投影应运而生。

在数学中，投影(project)的含义是指建立两个点集之间的一一对应的映射关系。同样，在地图学中，地图投影就是指建立地球表面上的点与投影平面上的点之间的一一对应关系。地图投影的基本问题就是利用一定的数学法则把地球表面上的经纬线网表示到平面上。凡是地理信息系统就必然要考虑地图投影，地图投影的使用保证了空间信息在地域上的联系和完整性，在各类地理信息系统的建立过程中，选择适当的地图投影系统是首先要考虑的问题。

3.2.2 地图投影的变形

1. 变形的种类

地图投影的方法有很多，用不同的投影方法会得到不同的经纬线网形式。用地图投影的方法将球面展为平面，虽然可以保持图形的完整和连续，但它们与球面上的经纬线网形状并不完全相似。这表明投影之后，地图上的经纬线网发生了变形，因而根据地理坐标展绘在地图上的各种地面事物，也必然随之发生变形。这种变形使地面事物的几何特性(长度、方向、面积)受到破坏。把地图上的经纬线网与地球仪上的经纬线网进行比较，可以发现变形表现在长度、面积和角度三个方面，可以分别用长度比、面积比的变化显示投影中的长度变形和面积变形。如果长度变形或面积变形为零，则表示没有长度变形或没有面积变形。角度变形即某一角度投影后的角度值与它在地球表面上固有的角度值之差。

(1) 长度比与长度变形

如图 3-10 所示，$ABCD$ 是原面上一微分图形，$A'B'C'D'$ 是投影面上的对应图形。投影面上某一方向上的无穷小线段 $\mathrm{d}S'$ 与原面上对应的无穷小线段 $\mathrm{d}S$ 之比叫作长度比，用 μ 表示，则：

$$\mu = \frac{\mathrm{d}S'}{\mathrm{d}S}$$

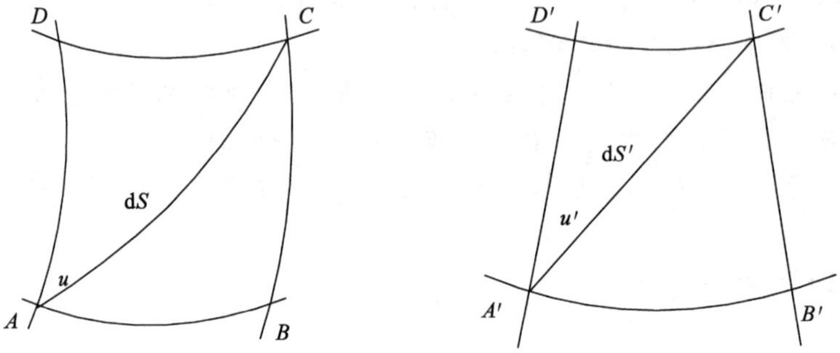

图 3-10　原面上的微分图形与其投影面的对应关系

长度比与 1 之差叫作长度相对变形，简称长度变形，用 V_μ 表示，则 $V_\mu=\mu-1$。当 $V_\mu>0$ 时，表明投影后长度变长；当 $V_\mu<0$ 时，表明投影后长度缩短；当 $V_\mu=0$ 时，表明无长度变形。长度比是一个变量，不仅随点位变化而发生变化，在同一点上也会随方向变化而发生变化。任何一种投影都存在长度变形，没有长度变形就意味着地球表面可以无变形地描写在投影平面上，这是不可能的。

(2) 面积比与面积变形

如图 3-10 所示，$ABCD$、$A'B'C'D'$ 两个微分图形的面积分别为 $\mathrm{d}F$ 和 $\mathrm{d}F'$。投影面上某区域的无穷小面积 $\mathrm{d}F'$ 和相应原面上的无穷小面积 $\mathrm{d}F$ 之比叫面积比，用 p 表示，则：

$$p = \frac{\mathrm{d}F'}{\mathrm{d}F}$$

面积比与 1 之差叫面积相对变形，简称面积变形，用 V_p 表示，则：

$$V_p = p - 1$$

当 $V_p>0$ 时，表示投影后面积变大；当 $V_p<0$ 时，表示投影后面积缩小；当 $V_p=0$ 时，表示面积无变形。面积比或面积变形也是一个变化量，它随点位的变化而变化。

(3) 角度变形

投影面上任意两方向线所夹的角(u')与原面上对应的角(u)之差叫作角度变形，用 Δu 表示，则：

$$\Delta u = u' - u$$

当 $\Delta u>0$ 时，表示投影后角度变大；当 $\Delta u<0$ 时，表示投影后角度减小；当 $\Delta u=0$ 时，表示投影前后角度相等，无角度变形。

角度变形也是一个变化量，它随点位和方向的变化而变化。在同一点的某特殊方向上，其角度差具有最大值，称为该点上的角度最大变形。

地图投影会不可避免地产生变形，这是不以人们的意志为转移的客观规律。我们研究投影变形的目的在于掌握各种地图投影变形的大小及其分布规律，以便正确控制投影变形。一般而言，地图投影变形越小越好，但对于某些特殊地图，会要求地图投影满足某些特殊条件，这就不是说投影变形越小越好了。

地图投影可以保持个别点和线段在投影到平面上时不产生任何变形。地图投影不变性如图 3-11 所示。在图 3-11(a)中，投影平面切在地球某点，该点既在地球曲面上，也在投影平面上，这样的点投影后不产生任何变形。在图 3-11(b)和图 3-11(c)中，圆锥面与地球某纬线圈相切，圆柱面在赤道上与地球相切，这些相切的纬线投影后均无变形。在地图投影中不变形的纬线称为标准纬线。

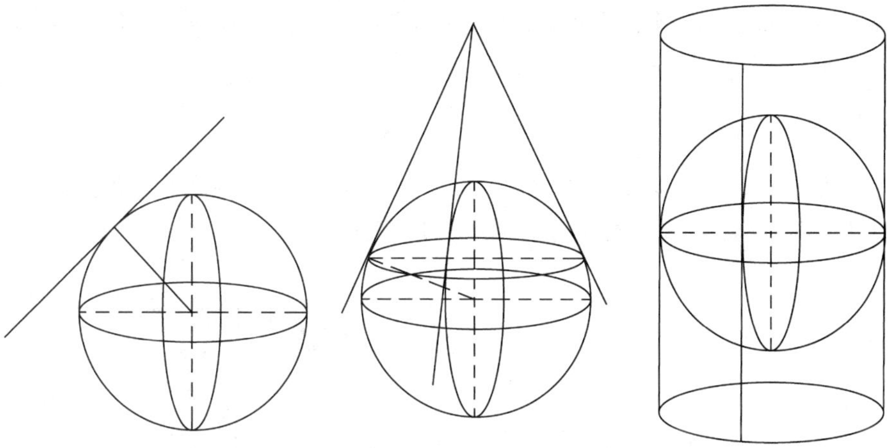

(a) 方位投影（切点）　(b) 圆锥投影（切线）　(c) 圆柱投影（切线）

图 3-11　地图投影不变性

在计算地图投影或制作地图时，首先要将地球椭球面或球面按照一定的比率缩小，然后再投影到平面上，这个小于 1 的常数比率称为地图的主比例尺，或称普通比例尺，通常将其标注在地图上。除地图上保持主比例尺的点或线以外，其他部分的比例尺称为局部比例尺。局部比例尺的变化比较复杂，取决于投影种类和投影性质，并且随线段的方向和位置变化而变化。通常在大区域小比例尺地图上标注的较复杂的图解比例尺便是主比例尺和局部比例尺的复合。

在研究地图投影变形时，主比例尺不起任何作用。因为无论用何种方式缩小地球，皆不能改变地图投影变形的数值。因此，在地图投影的研究中，总是将地图的主比例尺当作1，讨论地图投影主要是讨论局部比例尺，也就是前文所述的长度比和面积比。

2. 变形椭圆

地球上的无穷小圆在投影后通常不可能保持原来的形状和大小，而是投影成为不同大小的圆或各种形状大小的椭圆，统称为变形椭圆。投影变形误差椭圆如图 3-12 所示。

一般可以根据变形椭圆来确定投影的变形情况。如投影后为大小不同的圆形，如图 3-12(a)所示，$a=b$，则该投影为等角投影；如果投影后为面积相等而形状不同的椭圆，如图 3-12(b)所示，$ab=r^2$，则该投影为等积投影；如果投影后为面积不等、形状各不相同的椭圆，如图 3-12(c)所示，则为任意投影，其中如果椭圆的某一半轴与微分圆的半径相等，如 $b=r$，则

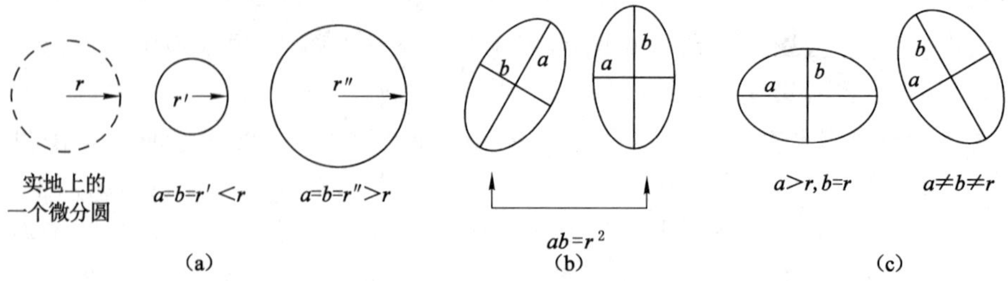

图 3-12　投影变形误差椭圆

为等距离投影。从变形椭圆中还可以看出，变形椭圆的长短半轴即为极值长度比，长轴与短轴的方向即为主方向。

3.2.3　地图投影的分类

地图投影的种类有很多，为了方便学习和研究，应对其进行分类。分类的标志不同，分类方法也就不同。地图投影的分类方式如图 3-13 所示。

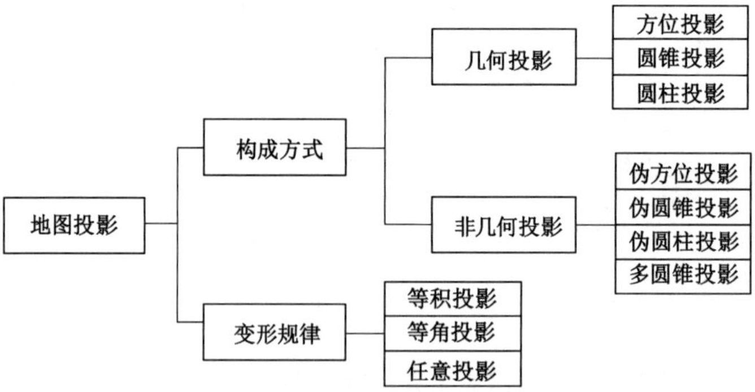

图 3-13　地图投影的分类方式

从使用地图的角度出发，需要了解下述几种分类。

1. 按照变形性质分类

按照变形性质地图投影可以分为三类：等角投影、等积投影和任意投影。

(1) 等角投影

等角投影也称为正形投影，其定义为任何点上由二微分线段组成的角度投影前后保持不变，即投影前后对应的微分面积保持图形相似。在等角投影中，微分圆经投影后仍为圆形，只随点位变化而变化，面积有较大变形。等角投影多用于编制航海图、洋流图、风向图等对角度要求严格的地图。等角投影变形示意图如图 3-14 所示。

(2) 等积投影

等积投影的定义为某一微分面积投影前后保持不变，即面积比为 1，也就是说在投影平面上任意一块面积与椭球面上相对应的面积相等，即面积变形等于零，但角度变形较大，如图 3-15 所示。等积投影有利于在图上进行面积对比，一般用于绘制对面积精度要求较高的自然地图和经济地图。

(3) 任意投影

在任意投影中,长度、面积和角度都有变形,它既不等角又不等积。但是在任意投影中,有一种比较常见的等距投影,其定义为沿某一特定方向的距离在投影前后保持不变,即沿着该特定方向的长度比为 1。在这种投影图中并不是不存在长度变形,它只是在特定方向上没有长度变形。等距投影的面积变形小于等角投影,角度变形小于等积投影。任意投影多用于绘制要求面积变形不大、角度变形也不大的地图,如一般参考用图和教学地图。经过投影后地图上所产生的长度变形、面积变形和角度变形,是相互联系、相互影响的。它们之间的关系是:在等积投影上不能保持等角特性,在等角投影上不能保持等积特性;在任意投影上不能保持等角和等积的特性;等积投影的形状变形比较大,等角投影的面积变形比较大。等距投影变形示意图如图 3-16 所示。

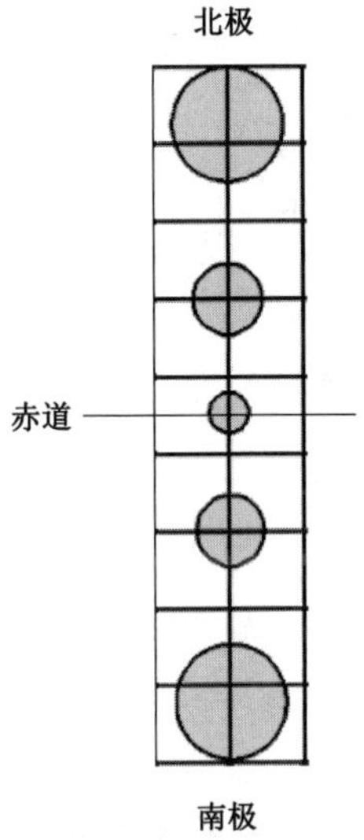

图 3-14　等角投影变形示意图

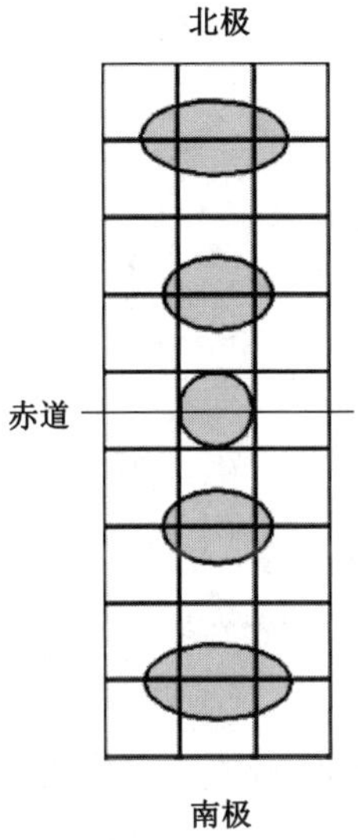

图 3-15　等积投影变形示意图

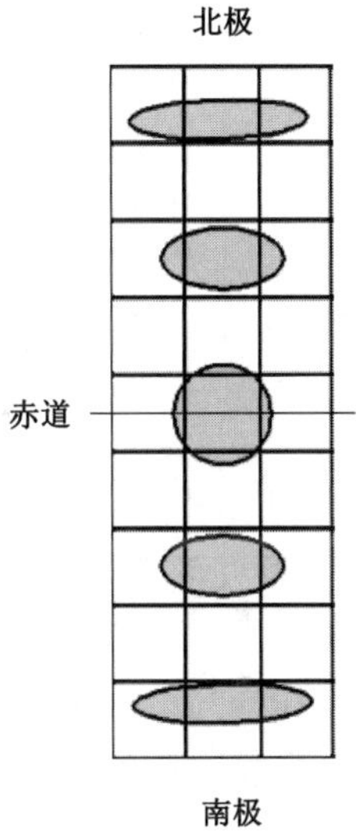

图 3-16　等距投影变形示意图

2. 按照构成方法分类

地图投影最初建立在透视的几何原理上,它是把椭球面直接透视到平面上,或透视到可展开的曲面上,如圆柱面和圆锥面。圆柱面和圆锥面虽然不是平面,但可以展为平面,从而可以得到具有几何意义的方位、圆柱和圆锥投影。随着科学的发展,为了使地图上的变形尽量减小,或者为了使地图满足某些特定的要求,地图投影就逐渐跳出了原来借助几何面构成投影的框子,而产生了一系列按照数学条件构成的投影。因此,按照构成方法可以把地图投影分为两大类:几何投影和非几何投影。

(1) 几何投影

几何投影是把椭球面上的经纬线网投影到几何面上,然后将几何面展为平面。

① 根据几何面的形状,几何投影可以进一步分为以下几类(图 3-17)。

a. 方位投影:以平面作为投影面,使平面与球面相切或相割,然后将球面上的经纬线投影到平面上。

b. 圆柱投影:以圆柱面作为投影面,使圆柱面与球面相切或相割,然后将球面上的经纬

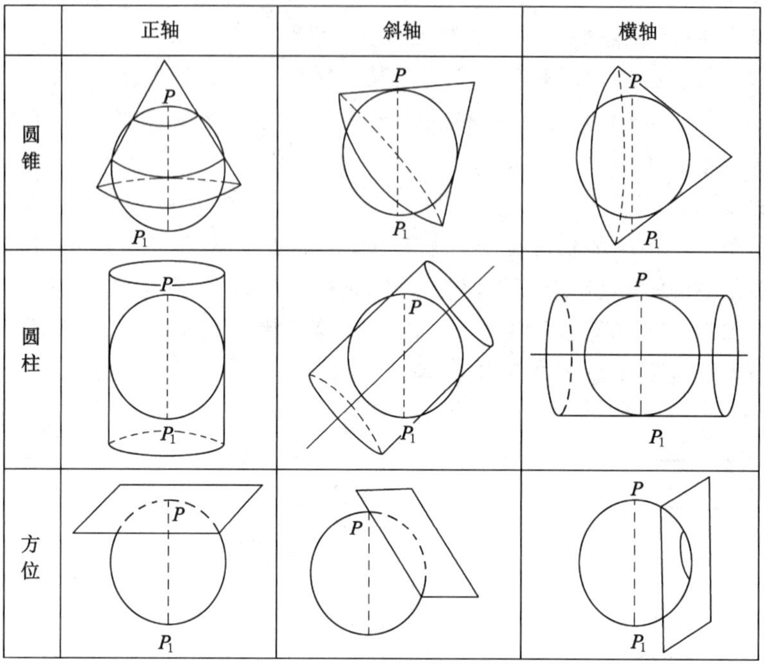

图 3-17　几何投影

线投影到圆柱面上，并将圆柱面展为平面。

c. 圆锥投影：以圆锥面作为投影面，使圆锥面与球面相切或相割，然后将球面上的经纬线投影到圆锥面上，并将圆锥面展为平面。这里可将方位投影看作圆锥投影的一种特殊情况，假设当圆锥顶角扩大到 180°时，此时圆锥面就成为一个平面，然后将地球椭球体上的经纬线投影到此平面上。圆柱投影，从几何定义上讲，也是圆锥投影的一个特殊情况，设想圆锥顶点延伸到无穷远时，便成为一个圆柱。

② 按照投影面与地球自转轴之间的方位关系划分，几何投影可以进一步分为以下几类。

a. 正轴投影：投影面的中心轴与地轴重合。

b. 横轴投影：投影面的中心轴与地轴相互垂直。

c. 斜轴投影：投影面的中心轴与地轴斜交。

③ 按照投影面与地球的位置关系划分，几何投影可以进一步分为以下几类。

a. 割投影：以平面、圆柱面或圆锥面作为投影面，使投影面与球面相割，将球面上的经纬线投影到平面上、圆柱面上或圆锥面上，然后将该投影面展为平面。

b. 切投影：以平面、圆柱面或圆锥面作为投影面，使投影面与球面相切，将球面上的经纬线投影到平面上、圆柱面上或圆锥面上，然后将该投影面展为平面。

（2）非几何投影

非几何投影是不借助几何面，根据某些条件用数学解析法确定球面与平面之间点与点的函数关系。在这类投影中，一般按照经纬线形状又分为以下几类。

① 伪方位投影：纬线为同心圆，中央经线为直线，其余的经线均为对称于中央经线的曲

线，且相交于纬线的共同圆心。

② 伪圆柱投影：纬线为平行直线，中央经线为直线，其余的经线均为对称于中央经线的曲线。

③ 伪圆锥投影：纬线为同心圆弧，中央经线为直线，其余的经线均为对称于中央经线的曲线。

④ 多圆锥投影：纬线为同轴圆弧，其圆心均位于中央经线上，中央经线为直线，其余的经线均为对称于中央经线的曲线。

圆锥投影、方位投影、圆柱投影均可按其变形性质分为等角投影、等积投影和任意投影。伪圆锥和伪圆柱投影中有等积投影和任意投影，而都以等积投影居多。

3.2.4　常用的地图投影

1. 世界地图的投影

世界地图的投影主要考虑的因素是要保证全球整体变形不大，根据不同的要求，需要具有等角或等积性质，主要包括：等差分纬线多圆锥投影、正切差分纬线多圆锥投影（1976 年方案）、任意伪圆柱投影、正轴等角割圆柱投影。

2. 半球地图的投影

东、西半球有横轴等面积方位投影、横轴等角方位投影；南、北半球有正轴等面积方位投影、正轴等角方位投影、正轴等距离方位投影。

3. 中国各种地图投影

① 中国全国地图的投影：斜轴等面积方位投影、斜轴等角方位投影、彭纳投影、伪方位投影、正轴等面积割圆锥投影、正轴等角割圆锥投影。

② 中国分省（区、市）地图的投影：正轴等角割圆锥投影、正轴等面积割圆锥投影、正轴等角圆柱投影、高斯-克吕格投影（宽带）。

③ 中国大比例尺地图的投影：多面体投影（北洋军阀时期）、等角割圆锥投影（兰勃特投影，中华人民共和国成立前）、高斯-克吕格投影（中华人民共和国成立后）。

3.2.5　高斯-克吕格投影

该投影由德国数学家、物理学家、天文学家高斯于 19 世纪 20 年代拟定，后经德国大地测量学家克吕格于 1912 年对投影公式加以补充，故称为高斯-克吕格投影。

1. 变形规律

高斯-克吕格投影在英美国家称为横轴墨卡托投影。美国编制世界各地军用地图和地球资源卫星像片所采用的通用横墨卡托投影（UTM）是横轴墨卡托投影的一种变形。高斯-克吕格投影的中央经线长度比等于 1，UTM 投影规定的中央经线长度比为 0.999 6，在 6°带内最大的长度变形不超过 0.04%。

高斯-克吕格投影示意图如图 3-18 所示。高斯-克吕格投影的中央经线和赤道为互相垂直的直线，其他经线均为凹向并对称于中央经线的曲线，其他纬线均为以赤道为对称轴的向两极弯曲的曲线，经纬线成直角相交。在这个投影上，角度没有变形；中央经线长度比等于 1，没有长度变形，其余经线长度比均大于 1，长度变形为正，距中央经线愈远，变形愈大，最大变形在边缘经线与赤道的交点上；面积变形也是距中央经线愈远，变形愈大。为了保证地图的精度,采用分带投影方法,即将投影范围的东、西界加以限制,使其变形不超过一定的限度,这样把许多带结合起来,可成为整个区域的投影。

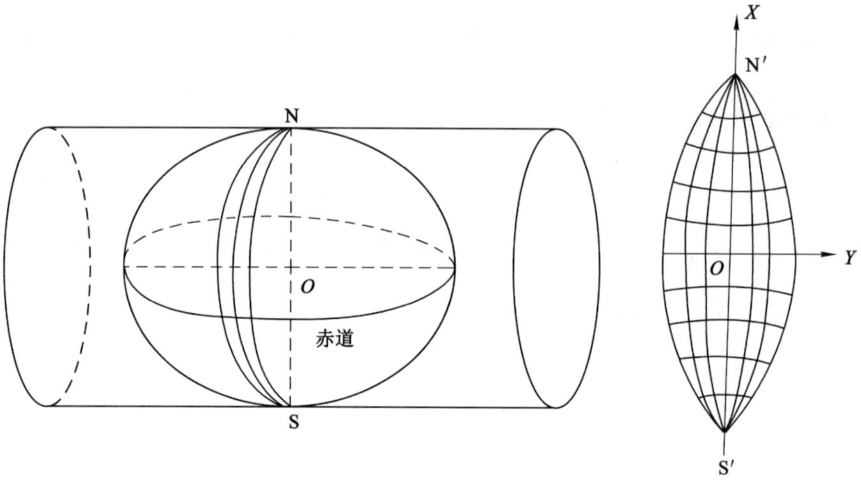

图 3-18 高斯-克吕格投影示意图

高斯-克吕格投影的变形特征是:在同一条经线上,长度变形随纬度的降低而增大,在赤道处为最大;在同一条纬线上,长度变形随经差的增加而增大,且增大速度较快。在 6°带范围内,长度最大变形不超过 0.14%。

2. 分带和换带计算

我国规定 1∶1 万、1∶2.5 万、1∶5 万、1∶10 万、1∶25 万、1∶50 万比例尺地形图均采用高斯-克吕格投影。1∶2.5 万至 1∶50 万比例尺地形图采用经差 6°分带,1∶1 万比例尺地形图采用经差 3°分带。

(1) 6°带:是从 0°子午线起,自西向东每隔经差 6°为一投影带,全球分为 60 带,各带的带号用自然序数 1,2,3,…,60 表示。即以东经 0°～6°为第 1 带,其中央经线为 3°E,东经 6°～12°为第 2 带,其中央经线为 9°E,其余类推(图 3-19)。

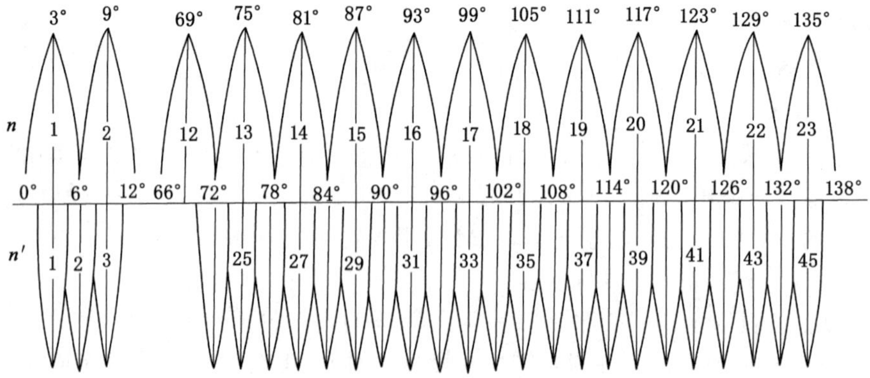

图 3-19 高斯-克吕格投影的分带

(2) 3°带:是从东经 1°30′的经线开始,每隔 3°为一带,全球划分为 120 个投影带。

图 3-19 表示出了 6°带与 3°带的中央经线与带号的关系。

点的带号和中央子午线可互相换算，已知点的经度可以计算其带号和中央子午线，更简单的方法是直接在图上查取。

设某点大地经度为 L，对应的带号为 n，中央子午线经度为 L_0。

对于 6°带，有：

$$L_0=6^\circ n-3^\circ$$

$$n=\frac{1}{6^\circ}(L_0+3^\circ)$$

$$n=\left[\frac{L_0}{6^\circ}\right]+1$$

对于 3°带，有：

$$L_0=3^\circ n$$

$$n=\frac{1}{3^\circ}L_0$$

$$n=\left[\frac{1}{3^\circ}(L_0-1.5^\circ)\right]+1$$

式中，[ ]表示商的整数部分。

如前所述，在高斯-克吕格投影上，规定以中央经线为 X 轴，赤道为 Y 轴，两轴的交点为坐标原点。

如前所述，X 坐标值在赤道以北为正，以南为负；Y 坐标值在中央经线以东为正，以西为负。我国在北半球，X 坐标皆为正值，Y 坐标在中央经线以西为负值。为了避免 Y 坐标出现负值，将各带的坐标纵轴西移 500 km，即将所有 Y 值都加 500 km。高斯平面直角坐标系如图 3-20 所示。

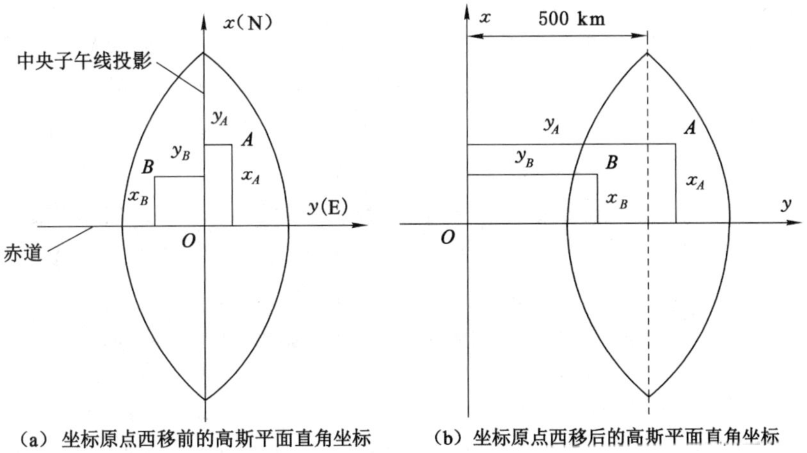

图 3-20　高斯平面直角坐标系

由于采用了分带法，各带的投影完全相同，对于某一坐标值(x,y)，在每一投影带中均有一个，在全球则有 60 个同样的坐标值，不能确切表示该点的位置。因此，在 Y 值前，需冠以带号，这样的坐标称为通用坐标。高斯-克吕格投影各带是按相同经差划分的，只要计算出一带各点的坐标，其余各带都是适用的。

这个投影的坐标值由国家测绘部门根据地形图比例尺系列，事先计算制成坐标表，供作业单位使用。高斯投影是具有国际性的一种地图投影，适用于幅员辽阔的国家或地区。它按经线分带进行投影，各带坐标系、经纬网形状、投影公式及变形情况都是相同的，有利于全球地图拼接。

3.2.6 地图投影的选择

现有的地图投影方法共有 200 多种，但常用的也就 20 多种。地图投影选择得是否恰当，直接影响地图的精度和使用价值。这里所讲的地图投影选择，主要指中、小比例尺地图，不包括国家基本比例尺地形图。因为国家基本比例尺地形图的投影、分幅等，是由国家测绘主管部门研究制定的，不允许任意改变，另外编制小区域大比例尺地图，无论采用什么投影，变形都是很小的。

选择制图投影时，主要考虑以下因素：制图区域的范围、形状和地理位置，地图的用途、出版方式及其他特殊要求等。其中，制图区域的范围、形状和地理位置是主要因素。

对于世界地图，主要考虑的因素是要保证全球整体变形不大，根据不同的要求，需要具有等角或等积性质，常用的主要是正轴圆柱投影、伪圆柱投影和多圆锥投影。在世界地图中常用墨卡托投影绘制世界航线图、世界交通图与世界时区图。

对于半球地图，东、西半球地图常选用横轴方位投影；南、北半球地图常选用正轴方位投影；水、陆半球地图一般选用斜轴方位投影。

对于其他的中、小范围的投影选择，要考虑它的轮廓形状和地理位置，最好是使等变形线与制图区域的轮廓形状基本一致，以便减小图上变形。因此，在区域形状为圆形的地区一般适合采用方位投影，在两极附近则采用正轴方位投影，在以赤道为中心的地区则采用横轴方位投影，在中纬度地区则采用斜轴方位投影。在东西延伸的中纬度地区，一般多采用正轴圆锥投影，如中国与美国。在赤道两侧东西延伸的地区，则宜采用正轴圆柱投影，如印度尼西亚。在南北方向延伸的地区，一般采用横轴圆柱投影和多圆锥投影，如智利与阿根廷。

我国出版的世界地图多采用等差分纬线多圆锥投影，选用这种投影，对于表现中国形状以及与四邻的对比关系较好，但投影的边缘地区变形较大。

我国 1∶100 万地形图、大部分省区图、大多数同级比例尺的地图均采用正轴等角割圆锥投影（兰勃特投影），其分幅与国际百万分之一地图所采用的分幅一致；我国基本比例尺地形图（1∶5 000、1∶1 万、1∶2.5 万、1∶5 万、1∶10 万、1∶25 万、1∶50 万和 1∶100 万）中大于或等于 1∶50 万的地形图均采用高斯-克吕格投影作为地理基础。

3.2.7 地形图的分幅与编号

为便于地形图的测绘、使用和管理，各种比例尺地形图通常需要按照规定的大小进行统一分幅，并进行系统编号。地形图的分幅可分为以下两类：一是按照经纬线划分的梯形分幅法，主要用于国家基本比例尺系列的地形图；二是按照平面直角坐标格网划分的矩形分幅法，一般用于大比例尺地形图。

1. 梯形分幅与编号

国家基本比例尺地形图分幅编号关系如图 3-21 所示。我国基本比例尺地形图包括

1∶100 万、1∶50 万、1∶25 万、1∶10 万、1∶5 万、1∶2.5 万、1∶1 万、1∶5 000 等 8 种。它们都采用梯形分幅，统一按照经纬度划分。考虑分带投影、地图使用、相邻比例尺地形图缩编等因素，地图梯形分幅与编号的基本原则如下。

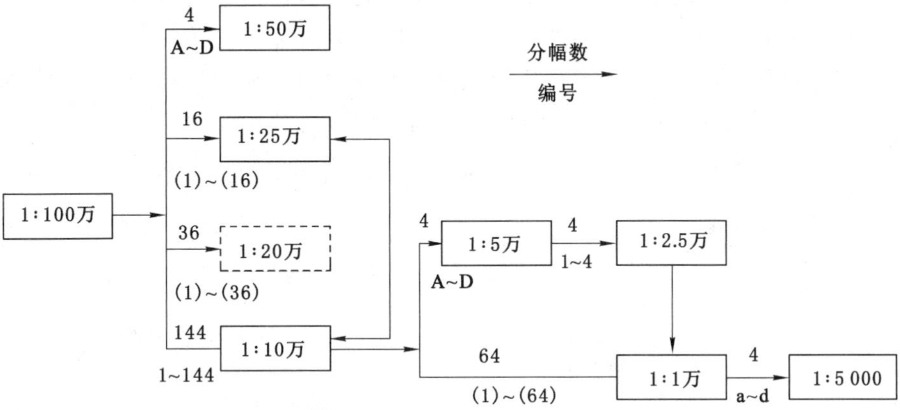

图 3-21　国家基本比例尺地形图分幅编号关系

(1) 地形图的分幅必须以投影带为基础、按照经纬度划分。

(2) 地形图的幅面大小要适宜，且不同比例尺的地形图幅面大小要基本一致。

(3) 小比例尺的地形图应包含整幅的较大比例尺图幅。

(4) 图幅编号应能反映不同比例尺之间的联系，以便进行图幅编号与地理坐标之间的换算。

目前我国使用的图幅编号有两种：20 世纪 90 年代前的我国基本比例尺地形图的分幅与编号；现行的国家基本比例尺地形图的分幅与编号。

20 世纪 70 年代以前，我国基本比例尺地形图的分幅与编号以 1∶100 万地形图为基础，如图 3-21 所示，箭头上方的数字表示分幅数，箭头下方的内容为分幅编号，其中虚线框起来的内容表示现在已经不用。基本比例尺地形图之间的划分存在着层次关系，例如，1∶10 万的地形图是将 1 幅 1∶100 万的地形图划分成 12 行 12 列，共 144 幅，编号则是从上到下、从左到右依次编号为 1，2，3，…，144。

1∶100 万地形图的分幅采用国际 1∶100 万地图的分幅标准。每幅 1∶100 万地形图的范围是经差 6°、纬差 4°。由于图幅面积随纬度增加而迅速减小，规定在纬度 60°至 76°之间两幅合并，即每幅图为经差 12°、纬差 4°。在纬度 76°至 88°之间 4 幅合并，即每幅图为经差 24°、纬差 4°。我国位于北纬 60°以下，故没有合幅图。

1∶100 万地形图的编号采用国际统一的行列式编号。从赤道起分别向南向北，每纬差 4°为一行，全纬度 88°各分为 22 横行，依次用大写拉丁字母(字符码)A，B，C，…，V 表示。以两极为中心，以纬度 88°为界的圆用 Z 表示。从经度 180°起，自西向东每经差 6°为一列，分为 60 纵列，依次用阿拉伯数字(数字码)1，2，3，…，60 表示。一幅 1∶100 万地形图，其编号由该图所在的行号与列号组合而成，即“横行-纵列”。为区分南、北半球，分别在编号前加 N 或 S。由于我国领土全部位于北半球，所以省略 N。

为了便于计算机管理和检索，1992 年我国发布了《国家基本比例尺地形图分幅和编号》

(GB/T 13989—1992)国家标准,自 1993 年 3 月起实施。该标准仍以 1∶100 万地形图为基础,1∶100 万地形图的分幅经差、纬差不变,但划分全部由 1∶100 万地形图逐级加密划分。编号也以 1∶100 万地形图的编号为基础,采用行列编号方法,由其所在 1∶100 万地形图的图号、比例尺代码和图幅的行列号共 10 位码组成。这样编码长度相同,编码系列统一为一个根部,便于计算机处理。1∶50 万～1∶5 000 地形图图号的构成如图 3-22 所示。2012 年,我国发布了新的《国家基本比例尺地形图分幅和编号》(GB/T 13989—2012)国家标准,自 2012 年 10 月 1 日起实施,各种比例尺代码见表 3-2。

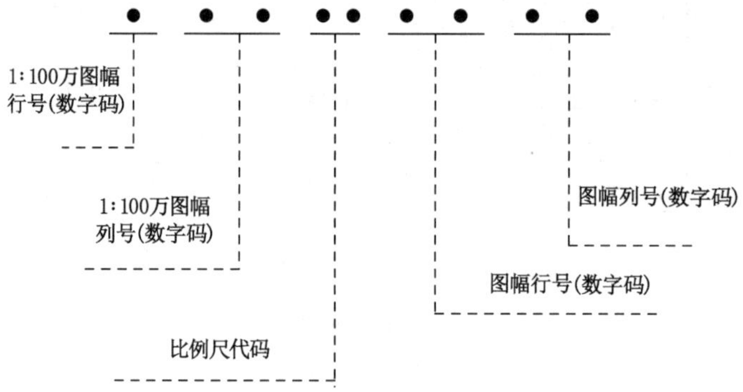

图 3-22　1∶50 万～1∶5 000 地形图图号的构成

表 3-2　各种比例尺代码

比例尺	1∶50 万	1∶25 万	1∶10 万	1∶5 万	1∶2.5 万	1∶1 万	1∶5 000
代码	B	C	D	E	F	G	H

2. 矩形分幅与编号

大比例尺地形图的图幅通常采用矩形分幅,图幅的图廓线为平行于坐标轴的直角坐标格网线。在以整千米、百米或 50 m 坐标进行分幅时,1∶500、1∶1 000 及 1∶2 000 地形图一般采用 50 cm×50 cm 正方形分幅,或 40 cm×50 cm 矩形分幅,也可以根据实际工程需要采用其他规格的矩形分幅。值得一提的是,当 1∶5 000 地形图采用矩形分幅时,通常采用 40 cm×40 cm 正方形分幅。

在采用矩形分幅时,地形图的编号主要采用图廓西南角坐标千米数编号法,也可以选用流水号或行列编号法。

3.3　空间坐标转换

3.3.1　空间坐标转换基本概念

不同来源的空间数据一般会存在地图投影与地理坐标的差异,为了获得一致的数据,必须进行空间坐标的变换。空间坐标转换是把空间数据从一种空间参考系映射到另一种空间参考系中。空间转换有时也称投影变换。投影变换是地图制图的基础理论之一,主要用来解决换带计算、地图转绘、图层叠加、数据集成等问题。

根据所能获取的空间参考系信息的详尽程度，实现空间坐标转换的具体方法有所不同。那么，对于空间坐标的转换就有两个层面的解释。一是投影的转换，就是说在完成地理坐标值转换的同时，必须完成空间参考框架信息（包括参考椭球、大地基准面以及投影规则）的精确转换。此时，坐标转换的基本要求就是必须获取两种空间参考系的投影信息。二是单纯坐标值的变换，只需要把空间数据的坐标值从一种空间参考系映射到另一种空间参考系中，转换后的空间参考系信息直接采用目标空间参考系信息。此类转换一般通过单纯的数值变换完成，主要应用于无法同时获取两种空间参考系的投影信息的情形。值得注意的是，建立的数值变换方程一般仅适用于当前空间区域，在更换空间区域时必须建立新的数值变换公式。

3.3.2　转换类型

1. 同一地理坐标基准下的坐标变换

此时，如果参与转换的空间参考系的投影公式存在严密或近似的解析关系式，就可以建立两坐标系之间的解析关系式。应用建立的解析关系式，可以直接计算当前空间参考系下的空间坐标(x,y,z)在另一种空间参考系中的坐标值(X,Y,Z)。对于多数投影系统，很难精确推求出它们之间的这种解析关系式。此时，就需要采用间接变换，即先使用坐标反算公式，将一种投影下的平面坐标换算为球面大地坐标：$(x,y)\rightarrow(B,L)$，然后再使用坐标正算公式把求得的球面大地坐标代入另一种投影的坐标公式，计算出该投影下的平面坐标：$(B,L)\rightarrow(X,Y)$，从而实现两种投影坐标之间的变换：$(x,y)\rightarrow(X,Y)$。例如：研究区域恰好横跨两个高斯-克吕格投影带，则将这两个投影带下的坐标统一到同一个投影带上才能实现图幅的拼接，这时就需要采用间接变换法。

2. 不同地理坐标基准下的坐标变换

地理坐标基准的不同，使得两种空间参考系的投影解析式之间很难建立直接的解析关系。所以，此时坐标变换一般要涉及两个内容：一是地理坐标基准的变换；二是坐标值的变换。实现整个坐标转换的基本过程如下（以 WGS-84 坐标和 CGCS2000 坐标的转换为例）：

(1) (B,L)84（WGS-84 坐标系下的球面大地坐标）转换为(X,Y,Z)84（WGS-84 坐标系下的空间直角坐标），即空间大地坐标到空间直角坐标的转换。

(2) (X,Y,Z)84 转换为(X,Y,Z)2000（CGCS2000 坐标系下的空间直角坐标），坐标基准的转换，即参考椭球转换。该过程可以通过 3.3.3 小节所叙述的七参数或简化三参数法实现。

(3) (X,Y,Z)2000 转换为(B,L)2000（CGCS2000 坐标系下的球面大地坐标），即空间直角坐标到空间大地坐标的转换。

(4) (B,L)2000 转换为(x,y)2000（CGCS2000 坐标系下的高斯平面坐标），通过高斯-克吕格投影公式可以计算出高斯平面坐标值。

不同地理坐标基准下的坐标变换，最大的难点在于第(2)步涉及转换参数。由于各地的重力值等各种因素的影响，不同地理坐标基准之间很难确定一套适合全区域且精度较好的转换参数。通行的做法是：在工作区内找 3 个以上的已知点，利用最小二乘配置法求解七参数。若多选几个已知点，则通过平差的方法可以获得较好的精度。

3.3.3 转换模型

重合点是指同时具有两个坐标系坐标的大地测量控制点，可用于计算转换参数，一组具有重合点的坐标系，框架、历元、等级或精度应该统一，不能不加区分地用所有重合点去转换。

选择适当的转换模型，用重合点可以求出转换参数。典型的转换参数是布尔莎七参数，包括平移参数、旋转参数和尺度参数，如图 3-23 所示。

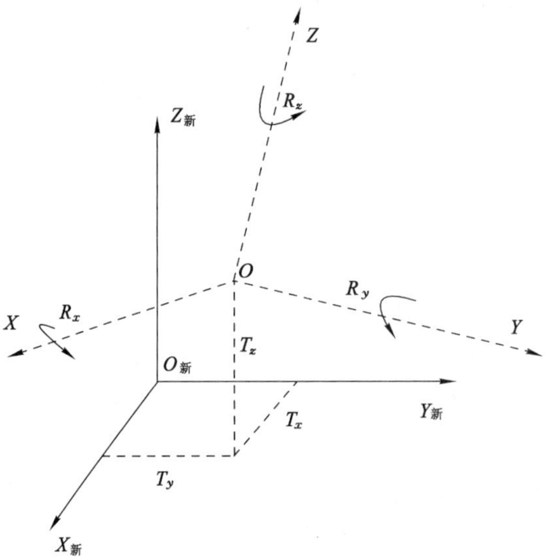

图 3-23 布尔莎七参数

平移参数即两个坐标系的坐标原点之间的差值。旋转参数即两个坐标系的坐标轴之间的旋转角度。尺度参数即同一线段在两个坐标系中的长度比值。尺度参数包括：① 定义性尺度比，是由 1 m 的长度定义不一致所引起的；② 观测性尺度比，包括地面网的平面误差传递积累和空间网的高程分量系统误差。

1. 空间直角坐标转换模型

空间直角坐标转换模型包括布尔莎模型和莫洛坚斯基模型，用于不同参考椭球间的空间直角坐标转换，重合点坐标为(X,Y,Z)；共 7 个转换参数，即 3 个平移参数、3 个旋转参数和 1 个尺度参数，至少需要 3 个重合点。

（1）布尔莎模型

$$\begin{bmatrix}X_2\\Y_2\\Z_2\end{bmatrix}=\begin{bmatrix}X_1\\Y_1\\Z_1\end{bmatrix}+\begin{bmatrix}T_x\\T_y\\T_z\end{bmatrix}+\begin{bmatrix}D & R_z & -R_y\\-R_z & D & R_x\\R_y & -R_x & D\end{bmatrix}\cdot\begin{bmatrix}X_1\\Y_1\\Z_1\end{bmatrix}$$

式中，X_1、Y_1、Z_1 为原坐标系下的坐标；X_2、Y_2、Z_2 为新坐标系下的坐标；T_x、T_y、T_z、D、R_x、R_y、R_z 分别为 3 个平移参数、1 个尺度参数、3 个旋转参数。

（2）莫洛坚斯基模型

$$\begin{bmatrix} X_2 \\ Y_2 \\ Z_2 \end{bmatrix} = \begin{bmatrix} X_1 \\ Y_1 \\ Z_1 \end{bmatrix} + \begin{bmatrix} T_x \\ T_y \\ T_z \end{bmatrix} + \begin{bmatrix} D & R_z & -R_y \\ -R_z & D & R_x \\ R_y & -R_z & D \end{bmatrix} \cdot \begin{bmatrix} X_1 - X_k \\ Y_1 - Y_k \\ Z_1 - Z_k \end{bmatrix}$$

式中，X_1、Y_1、Z_1 为原坐标系下的坐标；X_2、Y_2、Z_2 为新坐标系下的坐标；T_x、T_y、T_z 为两坐标系之间的 3 个平移参数；X_k、Y_k、Z_k 为参考点 P_k 在原坐标系中的位置参数；R_x、R_y、R_z 为以参考点 P_k 为旋转中心的旋转参数；D 为参考点 P_k 到网中任一点间向径（经矢）的尺度变化参数。

2. 三维四参数转换模型

三维四参数转换模型用于不同参考椭球间的空间直角坐标系之间的坐标转换，重合点坐标为(X,Y,Z)；共 4 个转换参数，采用 3 个坐标平移量 T_x、T_y、T_z，以及 1 个控制网水平定向旋转量作为参数，最少需要 2 个重合点。其转换模型如下：

$$\begin{bmatrix} X_G \\ Y_G \\ Z_G \end{bmatrix} = \begin{bmatrix} X_C \\ Y_C \\ Z_C \end{bmatrix} + \begin{bmatrix} T_x \\ T_y \\ T_z \end{bmatrix} + \begin{bmatrix} Z_c \cos B_0 \sin L_0 - Y_c \sin B_0 \\ -Z_c \cos B_0 \cos L_0 + X_c \sin B_0 \\ Y_c \cos B_0 \cos L_0 - X_c \cos B_0 \sin L_0 \end{bmatrix} \cdot a$$

式中，X_G、Y_G、Z_G为 2000 国家大地坐标系下的坐标，单位为 m；B_0、L_0 为区域中心 P 点的大地经、纬度，单位为 rad；X_c、Y_c、Z_c 为 1954 年北京坐标系或 1980 年西安坐标系下的坐标，单位为 m；T_x、T_y、T_z 为坐标平移量，单位为 m；a 为旋转参数，即以区域中心 P 点法线为旋转轴的控制网水平定向旋转量，考虑了 1954 年北京坐标系或 1980 年西安坐标系下的坐标由于起始定向与 2000 国家大地坐标系之间的差异引起的坐标变化，单位为 rad。

3. 三维七参数转换模型

三维七参数转换模型又称广义大地坐标微分公式，用于不同参考椭球间的大地坐标转换，重合点坐标为(B,L,H)；共 7 个转换参数，即 3 个平移参数、3 个旋转参数和 1 个尺度参数，至少需要 3 个重合点。其转换模型如下：

$$\begin{bmatrix} \Delta L \\ \Delta B \\ \Delta H \end{bmatrix} = \begin{bmatrix} -\frac{\sin L}{(N+H)\cos B}\rho & \frac{\cos L}{(N+H)\cos B}\rho & 0 \\ -\frac{\sin B\cos L}{(M+H)}\rho & -\frac{\sin B\sin L}{(M+H)}\rho & \frac{\cos B}{(M+H)}\rho \\ \cos B\cos L & \cos B\sin L & \sin B \end{bmatrix} \cdot \begin{bmatrix} T_x \\ T_y \\ T_z \end{bmatrix} +$$

$$\begin{bmatrix} \frac{N(1-e^2)+H}{N+H}\tan B\cos L & \frac{N(1-e^2)+H}{N+H}\tan B\sin L & -1 \\ -\frac{(N+H)-Ne^2\sin^2 B}{M+H}\sin L & \frac{(N+H)-Ne^2\sin^2 B}{M+H}\cos L & 0 \\ -Ne^2\sin B\cos B\sin L/\rho & Ne^2\sin B\cos B\cos L/\rho & 0 \end{bmatrix} \cdot \begin{bmatrix} R_x \\ R_y \\ R_z \end{bmatrix} +$$

$$\begin{bmatrix} 0 \\ -\frac{N}{M}e^2\sin B\cos B \cdot \rho \\ (N+H)-Ne^2\sin^2 B \end{bmatrix} \cdot D +$$

$$\begin{bmatrix} 0 & 0 \\ \frac{N}{M}e^2\sin B\cos B \cdot \rho & \frac{(2-e^2\sin^2 B)}{1-f}\sin B\cos B \cdot \rho \\ -\frac{N}{a}(1-e^2\sin^2 B) & \frac{M}{1-f}(1-e^2\sin^2 B)\sin^2 B \end{bmatrix} \cdot \begin{bmatrix} \Delta a \\ \Delta f \end{bmatrix}$$

式中，e^2 为第一偏心率的平方，无量纲，$e^2=2f-f^2$；M 为地球椭球子午圈的曲率半径，单位为 m，$M=a(l-e^2)/(1-e^2\sin^2 B)^{3/2}$；$N$ 为地球椭球卯酉圈的曲率半径，单位为 m，$N=a/(1-e^2\sin^2 B)^{1/2}$；$B$、$L$、$H$ 分别为点位的纬度、经度、大地高，经纬度单位为 rad，大地高单位为 m；ΔB、ΔL、ΔH 分别为点位在两个坐标系下的纬度差、经度差、大地高差，经纬度差值单位为角秒(″)，大地高差值单位为 m；ρ 为角度与弧度之间的转换量，单位为角秒，$\rho=180\times3\ 600/\pi$；a、Δa 分别为椭球长半轴和长半轴之差，单位为 m；f、Δf 分别为椭球扁率和扁率之差，无量纲；T_x、T_y、T_z 为平移参数，单位为 m；R_x、R_y、R_z 为旋转参数，单位为角秒；D 为尺度参数，无量纲。

3.4 北斗坐标系统简介

1. 发展概况

坐标系是卫星导航系统导航定位的大地参考基准。2000 年，在北斗一号运行时使用的是 1954 年北京坐标系。2012 年，中国卫星导航系统管理办公室发布的《北斗卫星导航系统空间信号接口控制文件公开服务信号 B1I(1.0 版)》指出北斗卫星导航系统使用的是 2000 国家大地坐标系(CGCS2000)。北斗的监测站通过 GPS 联测纳入 CGCS2000 坐标系，使用监测站的坐标可以计算卫星轨道；用户用轨道数据进行定位和导航，得到 CGCS2000 坐标。

事实上，北斗坐标系从未对准过 CGCS2000 或 ITRF(国际地球参考框架)97 框架。2017 年，中国卫星导航系统管理办公室发布的《北斗卫星导航系统空间信号接口控制文件公开服务信号 B1C、B2a(测试版)》指出北斗系统采用北斗坐标系(BDCS)。

现代地心坐标系的定义都相同，将其区分为不同坐标系的根本原因在于实现这些坐标系的第二层次参考框架不同(不是指对准的 ITRF 框架)。卫星导航系统坐标系和国家坐标系不应该捆绑在一起，原因有以下 5 点。

① 框架点个数有差异，CGCS2000 坐标系有数千个框架点，而 BDCS 只有几个。

② 卫星导航坐标系更新周期短，而国家坐标系更新周期长。

③ 卫星导航系统使用单独的坐标系，使得坐标系的更新和维护相对方便、容易。

④ 遵循国际惯例，各国的导航坐标系与国家坐标系都不是同一个坐标系。

⑤ CGCS2000 坐标是 2000.0 历元的瞬时坐标，主要用于各种生产活动，强调统一性、规范性、自洽性、稳定性；BDCS 坐标是观测历元的动态坐标，用于导航，强调实时性、动态性。

2. 系统定义

如图 3-24 所示，北斗系统采用北斗坐标系，其定义符合 IERS 规范。北斗坐标系与 CGCS2000 定义一致，且具有完全相同的参考椭球参数(区别仅在于参考框架)。具体定义如下。

原点、轴向及尺度定义：① 原点位于地球质心；② Z 轴指向 IERS 定义的参考极(IRP)方向；③ X 轴为 IERS 定义的参考子午面(IRM)与通过原点且同 Z 轴正交的赤道面的交线；④ Y 轴与 Z 轴、X 轴构成右手直角坐标系；⑤ 长度单位是国际单位制(SI)米(m)。参考椭球定义：BDCS 使用 CGCS2000 参考椭球，BDCS 参考椭球几何中心与地球质心重合，参考椭球的旋转轴与 Z 轴重合。

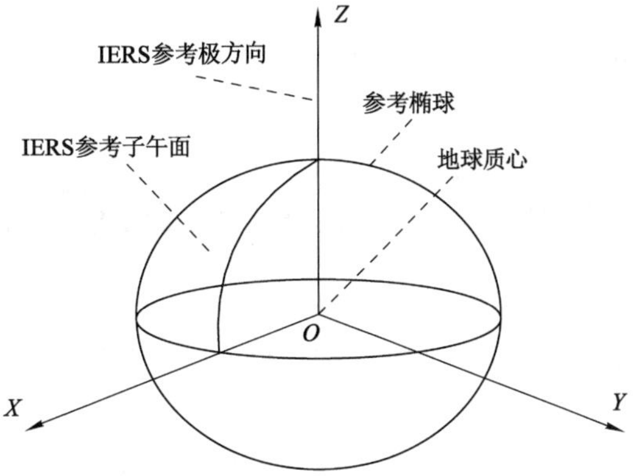

图 3-24　BDCS 定义

思考题

1. 对地球的表达包括哪几级近似描述？每一级近似解决的问题是什么？
2. 阐述地理坐标系统的分类。
3. 地图投影是如何产生的？都包括哪些变形特征？
4. 地图投影都包含哪些分类方式？分类的依据是什么？
5. 地图投影一般如何选择？所根据的基本原则有哪些？
6. 同一基准和不同基准的坐标系之间都是如何转换的？
7. 请结合具体数据验证常用地图投影的变形规律。
8. 请编程实现我国 1980 年西安坐标系和 2000 国家大地坐标系的坐标转换。

第 4 章　空间数据模型

空间数据的特征决定了其数据量是庞大的、海量的，要想运用空间数据解决实际问题，首先要解决这部分数据的存储和管理问题。如何对空间数据进行表达？如何建立合理的空间数据模型和结构？如何对这些数据进行规范？如何才能形成规范统一的空间数据库？这些是这一章我们要解决的问题。

4.1　空间实体

4.1.1　空间实体的概念

地理空间实体就是对复杂地理事物和现象进行简化抽象得到的结果，简称空间实体，是空间数据中不可再分的最小单元。此处的“不可再分”是一个相对概念，具体取决于实际应用的尺度范畴。它们的一个典型特征是与一定的地理空间位置有关，都具有一定的几何形态、分布状况以及彼此之间的相互关系。空间实体具有 3 个基本特征：空间特征数据（定位数据）、时间属性数据（尺度数据）和专题属性数据（非定位数据）。时间和专题属性数据结合在一起共同作为属性特征数据，而空间特征数据和属性特征数据统称为空间数据（或地理数据）。空间实体的三维特征如图 4-1 所示。

1. 空间特征

空间特征指空间物体的位置、形状和大小等几何特征，以及与相邻物体的拓扑关系。位置和拓扑特征是地理或空间信息系统所独有的，空间位置可以由不同的坐标系统来描述，如经纬度坐标、一些标准的地图投影坐标或任意的直角坐标等。

2. 属性特征

属性特征也称为非定位数据，是与空间实体相联系的、表征空间实体本身性质的数据或数量，如实体的类型、语义、定义、量值等。属性通常分为定性和定量两种，定性属性包括名称、类型、特性等；定量属性包括数量、等级等，如地形的坡度、坡向、某地的年降雨量、土地酸碱类型、人口密度、交通流量、空气污染程度等。

3. 时间特征

时间特征指空间实体随着时间变化而变化的特性。空间实体的空间位置和属性相对时间来说，可能会存在空间位置和属性同时变化的情况，如旧城区改造中，房屋密集区拆迁新建商业中心。也存在空间位置和属性独立变化的情况，即实体的空间位置不变，但属性发生变化，如土地使用权转让；或者属性不变而实体的空间位置发生变化，如河流的改道。

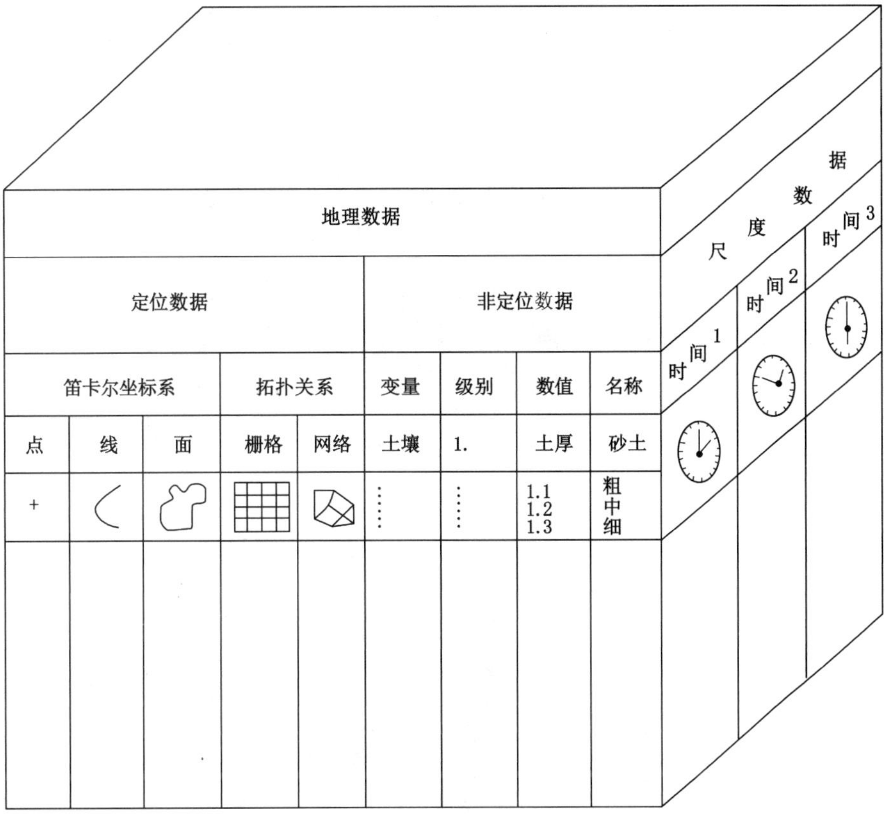

图 4-1　空间实体的三维特征

4.1.2　空间实体的表示

实体的空间特征还可以从空间维数、实体之间的空间关系两方面来表示。实体的空间特征可以有四种不同类型的表示方式，即点、线、面和体。它们的整数维数分别为 0、1、2 和 3。

(1) 点状实体

点状实体是具有特定的位置，维数为 0 的物体，包括：① 点实体(point entity)，用来代表一个实体；② 注记点(label point)，用于定位注记；③ 内点，用于记录多边形的属性，存在于多边形内；④ 结点(node)，用于表示线的终点和起点；⑤ 角点(vertex)，用于表示线段和弧段的内部点。点状实体如图 4-2 所示。

(2) 线状实体

线状实体是对线状空间实体的部分或全部进行的几何描述。它由两个或两个以上的一系列按顺序相连接的坐标对组成，并有如下特征：① 实体长度，用于表示从起点到终点的总长；② 弯曲度，用于表示如道路拐弯时弯曲的程度；③ 方向性，如水流方向是从上游到下游，公路则有单向与双向之分。

线状实体包括线段、边界、链、弧段、网络等，线状实体如图 4-3 所示。线也可以有方向，如河流的流水方向，公路的单向和双向。

(3) 面状实体

图 4-2　点状实体

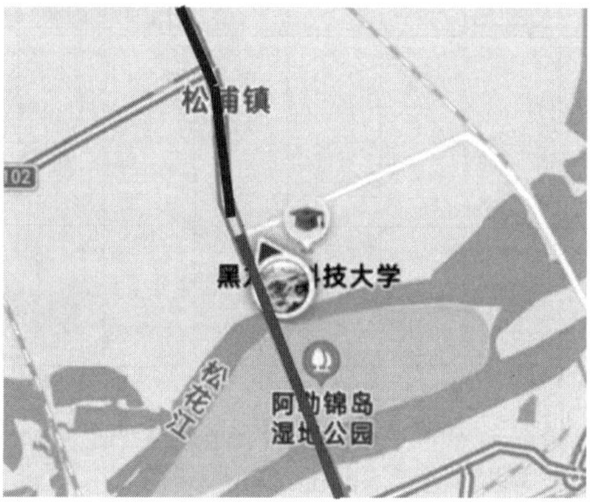

图 4-3　线状实体

面状实体，也称多边形，是由一条线或一系列线界定的几何表示，是面状空间实体的几何描述。面可能是简单的，也可能是复杂的，可以是由外轮廓线和内轮廓线组成的，也可以是由两个或两个以上的面相邻或叠加而成的。例如，中间有岛的湖泊等。面状实体如图 4-4 所示。

图 4-4　面状实体

面状实体有如下空间特性：① 面积范围；② 周长；③ 独立性或与其他的地物相邻，如中国及其周边国家；④ 内岛或锯齿状外形，如岛屿的海岸线封闭所围成的区域等；⑤ 重叠性与非重叠性，如报纸的销售领域、学校的分区、菜市场的服务范围等都有可能出现交叉重叠现象，一个城市的各个城区一般相邻但不会出现重叠。

(4) 体状实体

体状实体是对空间三维实体或多面体的几何表示。其形状有简单的、复杂的和带空洞的实体。体状实体如图 4-5 所示。空间实体对地质、采矿、海洋、建筑、土工、气象等领域的研究来说是很重要的几何表示方式。

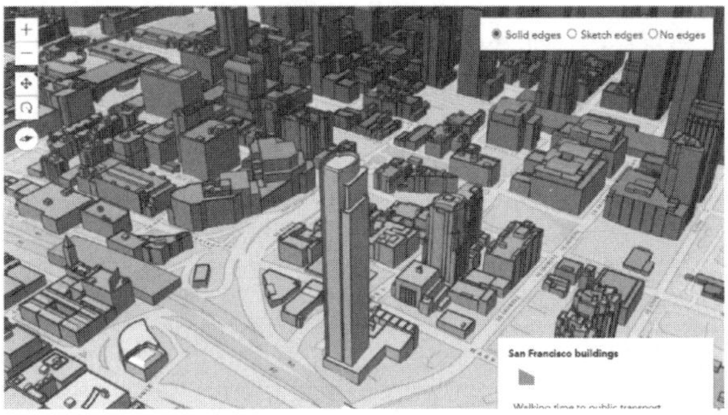

图 4-5　体状实体

体状实体一般具有以下一些空间特征：① 体积；② 每个二维平面的面积；③ 周长；④ 岛；⑤ 含有孤立块或相邻块；⑥ 断面图与剖面图。

空间实体的表示受研究区域的尺度和研究目的影响，具有不确定性。比如：在一张小比例尺的全国地图中，一个城市一般用一个点或点状符号来表示，而在一张大比例尺的城市地图中，则要详细反映街区和建筑物。于是在地理信息系统中以“空间实体”作为描述、反映空间对象的单体。所谓“实体”是指自然界、自然现象和社会经济事件中不能再分割的单元。例如，在小比例尺地图上北京市是一个实体；在大比例尺地图中一座房子可以是一个实体[如果它不能(或不必要)再被细分成多座房子的话]。但在必要时，一座房子又可分为许多房间。因此，“实体”是一个概括性的、复杂的、具有相对意义的概念或术语。

4.1.3　空间实体的关系

空间实体的关系是指地理空间实体之间相互作用的关系。研究实体之间的空间关系，能够更好地进行复杂的 GIS 空间查询与分析。

实体之间的空间关系可以分为拓扑关系、方位关系、度量关系。

拓扑关系：是拓扑变换(平移、旋转、缩放)下的拓扑不变量；

方位关系：用来描述目标在空间中整体和局部的某种顺序关系；

度量关系：是用某种度量来描述目标间的关系，如目标间的距离。

拓扑关系和方位关系为相对关系，而度量关系为绝对关系。

1. 拓扑空间关系

拓扑空间关系是 GIS 中重点描述的地理特征或对象之间的一种空间逻辑关系。“拓扑”

(topology)一词来源于希腊文,它的原意是“形状的研究”。拓扑学是几何学的一个分支,它研究在拓扑变换下能够保持不变的几何属性,即拓扑属性。

在理解拓扑变换和拓扑属性时,可以设想有一块高质量的橡皮板,它的表面是欧氏(欧几里得)平面,这块橡皮可以任意弯曲、拉伸、压缩,但不能扭转和折叠,表面上有由点、线、多边形等组成的几何图形。在拓扑变换中,图形的有些属性会消失,有的属性则保持不变。前者称为非拓扑属性,后者称为拓扑属性。拓扑属性与非拓扑属性如表 4-1 所示。

表 4-1 拓扑属性与非拓扑属性

拓扑特性	属性特征举例
拓扑属性	一个点在一条弧段的端点
	一个点在一个区域的边界上
	一个点在一个区域的内部、外部
	一个点在一个环的内部、外部
	一个面是一个简单面(面上没有“岛”)
	一个面的连通性
非拓扑属性	两点间距离
	一点指向另一点的方向
	弧段长度
	区域周长、面积等

拓扑关系就是描述几何图形元素之间的逻辑关系,即拓扑关系只关心几何图形元素之间的关系,而忽略几何图形元素的形状、大小、距离和长度等几何特征信息。根据拓扑关系绘制的图形称为拓扑图,拓扑图中图形元素之间的逻辑关系被描述,但几何特征信息被忽略,如计算机网络拓扑图或逻辑连接图,只描述了网络元素的逻辑连接关系,忽略了网络元素实际的形状和实际的距离。

在 GIS 中,拓扑关系主要用于描述点(结点,node)、线(弧段)和多边形图形元素之间的逻辑关系。它们之间最常用的拓扑关系有关联关系、邻接关系、连通关系和包含关系。关联关系是指不同类图形元素之间的拓扑关系,如结点与弧段的关系、弧段与多边形的关系等。邻接关系是指同类图形元素之间的拓扑关系,如结点与结点、弧段与弧段、多边形与多边形等之间的拓扑关系。包含关系是指多边形内是否包含了其他弧段或多边形。连通关系指的是在由结点和弧段构成的有向网络图形中,结点之间是否存在通达的路径,即是否具有连接性,是一种隐含于网络中的关系,其描述通过连接关系定义。

(1) 拓扑关联关系

拓扑关联关系指空间图形(图 4-6)不同类要素(实体)之间的拓扑空间关系,一般用来描述结点与弧段、弧段与面的关系。

点/弧段:N_1/A_1,N_1/A_2,N_1/A_3;N_2/A_3,N_2/A_4,N_2/A_6……

弧段/面:A_1/Ⅰ;A_2/Ⅰ,A_2/Ⅱ;A_3/Ⅱ……

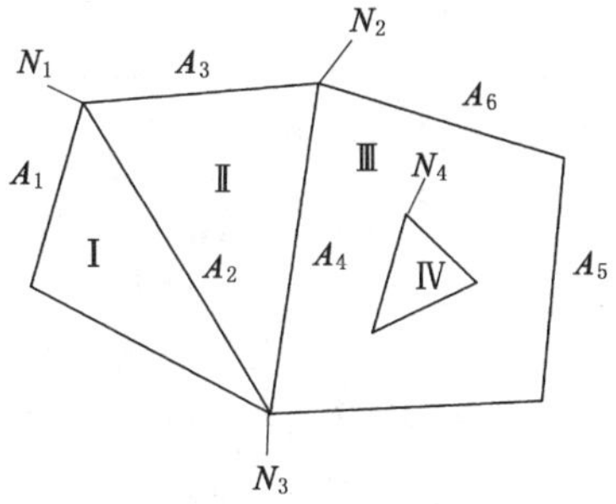

图 4-6　空间数据的拓扑空间关系

弧段/点：A_1/N_1，A_1/N_3；A_2/N_1，A_2/N_3；A_4/N_2，A_4/N_3……

面/弧段：Ⅰ/A_1，Ⅰ/A_2；Ⅱ/A_2，Ⅱ/A_3，Ⅱ/A_4……

(2) 拓扑邻接关系

拓扑邻接关系指空间图形(图 4-6)同类要素(实体)之间的拓扑空间关系，一般用来描述结点与结点、弧段与弧段、面域与面域之间的关系。

面/面：Ⅰ/Ⅱ；Ⅱ/Ⅰ，Ⅱ/Ⅲ……

点/点：N_1/N_2，N_1/N_3……

弧段/弧段：A_1/A_2，A_1/A_3，A_1/A_4，A_1/A_5……

(3) 拓扑包含关系

拓扑包含关系指空间图形(图 4-6)不同类或同类但不同级要素之间的拓扑空间关系。

面域的包含关系：Ⅲ包含Ⅳ。

(4) 拓扑连通关系

拓扑连通关系指空间图形(图 4-6)中弧段之间的拓扑关系。

弧段/弧段：A_1/A_2，A_1/A_3，A_1/A_4，A_1/A_5……

其中弧段与弧段之间的连通关系可以通过弧段与弧段之间的邻接关系得出。

拓扑关系在空间数据的质量检查中发挥着重要作用。通过拓扑关系检查可以发现未正确接合的线、未正确闭合的多边形，以及多余的结点和不正确压盖的多边形。这些错误会直接影响空间查询与分析结果的准确性。拓扑关系能清楚地反映实体之间的逻辑结构关系，比几何坐标关系有更大的稳定性，不随投影变换而变化。拓扑关系有助于空间要素的查询，利用拓扑关系可以解决许多实际问题，如某区域和哪些地方相邻的问题。根据拓扑关系可以重建地理实体，如根据弧段构建多边形等。

2. 方位关系

方位关系又称为方向关系、延伸关系，它定义了地物对象之间的方位，如河北省在河南省北部就描述了一种方向关系。为了定义空间目标之间的方向关系，首先要定义点目标之间的关系。给定定位参考系统，即相互垂直的 X、Y 坐标轴，方向关系的定义可以采用垂直于坐标轴的直线作为参考。令 P_i 为目标 P 的点(P 为原目标)，Q_j 为目标 Q 的点(Q 为参考目标)，$X(P_i)$与 $Y(P_i)$函数是返回点 P_i 的 X、Y 坐标，则 P 与 Q 在二维空间中具有以下 8 种可能关系，其形成了一个完整的关系覆盖。这些关系定义如下。

$$\text{Restricted\_East}(P_i, Q_j) = X(P_i) > X(Q_j) \text{ And } Y(P_i) = Y(Q_j)$$

$$Restricted\_South(P_i,Q_j)=X(P_i)=X(Q_j)\ And\ Y(P_i)<Y(Q_j)$$

$$Restricted\_West(P_i,Q_j)=X(P_i)<X(Q_j)\ And\ Y(P_i)=Y(Q_j)$$

$$Restricted\_North(P_i,Q_j)=X(P_i)=X(Q_j)\ And\ Y(P_i)>Y(Q_j)$$

$$North\_West(P_i,Q_j)=X(P_i)<X(Q_j)\ And\ Y(P_i)>Y(Q_j)$$

$$North\_East(P_i,Q_j)=X(P_i)>X(Q_j)\ And\ Y(P_i)>Y(Q_j)$$

$$South\_West(P_i,Q_j)=X(P_i)<X(Q_j)\ And\ Y(P_i)<Y(Q_j)$$

$$South\_East(P_i,Q_j)=X(P_i)>X(Q_j)\ And\ Y(P_i)<Y(Q_j)$$

以上 8 种关系通过点的投影可以精确判断。例如对于任意两点之间的关系，上述 8 种关系必有一种满足。而且，这些关系具有传递性，另外一些关系可进行相互转换[如 North_East(P_i,Q_j)、South_West(Q_i,P_j)]，通过对上述 8 种关系进行扩充，可得出另外 4 种方向关系，即

$$East(P_i,Q_j)=North\_East(P_i,Q_j)\ Or\ Restricted\_East(P_i,Q_j)\ Or\ South\_East(P_i,Q_j)$$

$$South(P_i,Q_j)=South\_West(P_i,Q_j)\ Or\ Restricted\_South(P_i,Q_j)\ Or\ South\_East(P_i,Q_j)$$

$$West(P_i,Q_j)=North\_West(P_i,Q_j)\ Or\ Restricted\_West(P_i,Q_j)\ Or\ South\_West(P_i,Q_j)$$

$$North(P_i,Q_j)=North\_West(P_i,Q_j)\ Or\ Restricted\_North(P_i,Q_j)\ Or\ North\_East(P_i,Q_j)$$

以点目标之间的方向关系为基础，其余目标之间的方向关系可类似定义。

3. 度量关系

空间对象的基本度量关系包含点-点、点-线、点-面、线-线、线-面、面-面之间的距离。在基本目标之间的关系基础上，可构造出点群、线群、面群之间的度量关系。例如，在已知点-线拓扑关系与点-点度量关系的基础上，可求出点-点之间的最短路径、最优路径、服务范围等；已知点、线、面度量关系，可以进行距离量算、邻近分析、聚类分析、缓冲区分析、泰森多边形分析等。

定量量测区域空间指标和区域地理景观之间的空间关系是地理信息系统特有的能力。其中，区域空间指标包括的内容如下。

(1) 几何指标：如位置、长度（距离）、面积、体积、形状、方位等。

(2) 自然地理参数：如坡度、坡向、地表辐照度、地形起伏度、河网密度、切割程度、通达性等。

(3) 人文地理指标：如集中指标、区位商、差异指数、地理关联系数、吸引范围、交通便利程度、人口密度等。

地理空间中两点间的距离度量可以沿着实际的地球表面进行，也可以沿着地球椭球体的表面量算，具体的距离可以表现为以下几种形式（以地球上两个城市之间的距离为例）。地球上各种形式的距离如图 4-7 所示。

(1) 大地测量距离：沿着地球大圆经过两个城市中心的距离。

(2) 曼哈顿距离：两个城市之间的纬度差与经度差的绝对值之和（被称为“曼哈顿距离”是由于曼哈顿街道的格局可以被模拟成由两个垂直的直线组成的一个集合）。

(3) 旅行时间距离：从一个城市到另一个城市需要的最短时间，可以用一系列指定的航线来表示（假设每个城市至少有一个飞机场）。

(4) 词典编篡距离：在一个固定的地名册中一系列城市中它们位置之间的绝对差值。

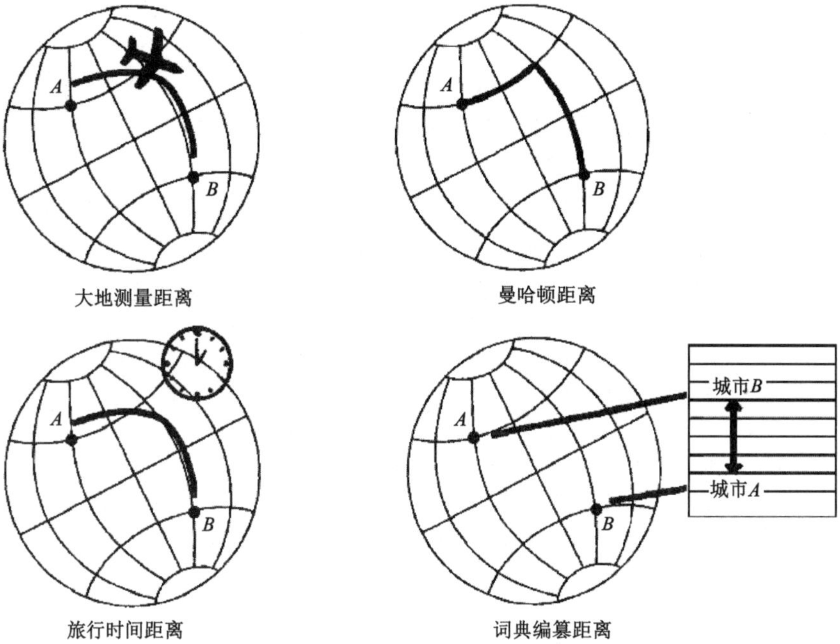

图 4-7　地球上各种形式的距离

4.2　空间数据模型

现实世界中的空间实体是错综复杂的。计算机是不能直接处理现实世界中的具体事务的，现实世界也不能事无巨细地存储到计算机中，若要将现实世界中的事物及其联系转换成计算机能够处理的数据，就要借助数据模型来对现实世界进行抽象、描述和表达，逐步得到概念模型，进而转换为逻辑数据模型和物理数据模型。为了简单、明晰地描述 GIS 抽象过程，我们通过举例说明现实世界经过概念模型、逻辑模型和物理模型共 3 个层次的抽象过程。现实世界的三个层次的抽象如图 4-8 所示。

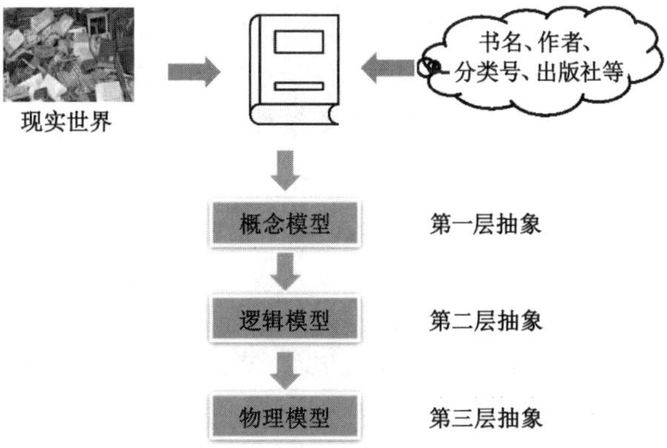

图 4-8　现实世界的三个层次的抽象

比如图书馆有很多书，如何用计算机对这些书籍进行识别和处理呢？这就需要我们首先对现实世界中的书籍进行观察，观察其类型、特征和关系等，通过综合、抽象、简化等思维过程，我们会发现每本书都有自己的书名、作者、分类号、出版社等特征，这些特征可以用于区分现实世界的不同书籍，这称为概念模型。这种模型不依赖于计算机信息系统，是对现实世界的第一层抽象。然后对其进行分析、编码等表达过程，形成 DBMS 支持的某种数据模型，即逻辑模型，这是对现实世界的第二层抽象。最后运用数据结构对数据进行组织，转换为面向计算机存储的物理模型。这是对现实世界的第三层抽象。

经过这三个层次的抽象和建模，就能够利用信息系统工具来描述现实世界，并解决其中的问题。

4.2.1 空间数据概念模型

空间数据概念模型就是从 GIS 的视角观察我们的大千世界，对现实世界进行的第一层抽象。用不同的方法和不同的角度观察复杂的现实世界，会产生不同的概念模型。所以具体的某一种概念模型只能反映现实世界的某个方面，而不是全部。空间数据的概念模型大体可以分为 3 类，即对象模型、场模型和网络模型。空间数据的概念模型如图 4-9 所示。

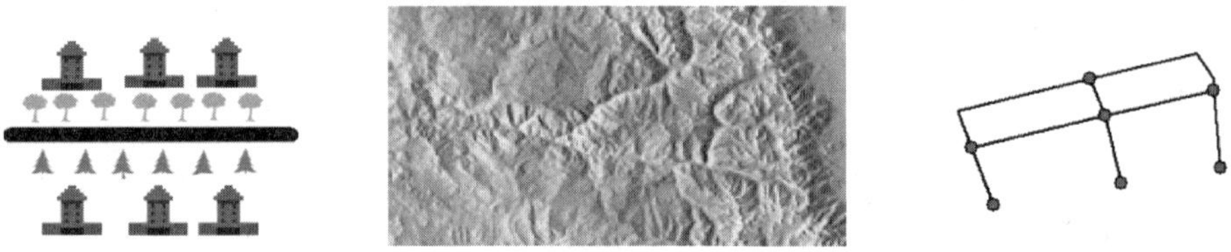

(a) (b) (c)

图 4-9 空间数据的概念模型

1. 对象模型

对象模型将研究的整个地理空间看成一个空域，地理现象和空间实体作为独立的对象分布在其中，强调地理空间中的单个地理现象。根据这种观点形成的概念模型为对象模型，也称为要素模型。

按照对象的空间特征，对象模型可以分为点、线、面、体四种基本对象，对象也可能与其他对象构成复杂对象，并且与其他分离的对象保持特定的关系，如点、线、面、体之间的拓扑关系。每个对象对应一组相关的属性以区分各个不同的对象。

一个对象或者要素必须同时具备如下三个条件：

(1) 可被识别；

(2) 在观察中有一定的重要程度；

(3) 有明确的特征且可被描述。

比如，城市建筑物，可被识别，可被赋予唯一标识，同时在具体研究中有一定的重要程度，有明确的边界，属于离散的单个地理现象而且可以被描述。这里的城市建筑物满足对象或要素应该具备的三个条件。这里的“重要程度”是个相对概念，与研究目的和比例尺相关。

2. 场模型

场模型将地理空间中的现象作为连续的变量来看待，根据这个观点形成的概念模型为场模型，如海水的温度、空气的湿度、林场、火场等。

在二维空间中，在某个具体空间位置(x,y)上，对应一个属性值A，用数学公式可表示为：$A=f(x,y)$。

在三维空间中，在某个具体空间位置(x,y,z)上，对应一个属性值A，用数学公式可表示为：$A=f(x,y,z)$。

二维场模型的表示方法有如下六种。场模型的表示方法如图4-10所示。

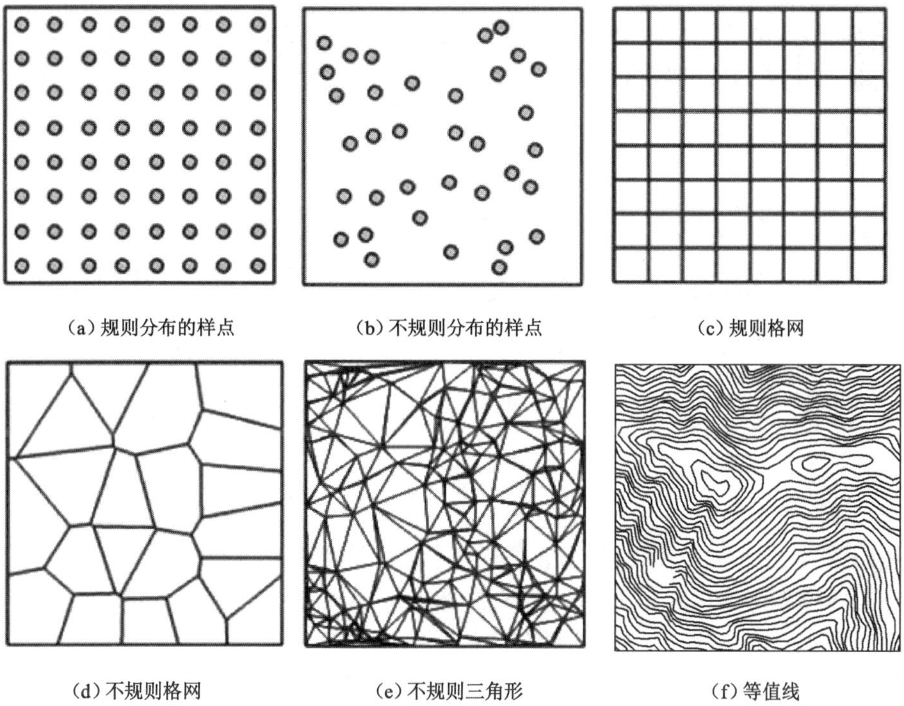

图4-10　场模型的表示方法

(1) 规则分布的样点：在平面区域布设数目有限、间隔固定且规则排列的样点，每个样点都对应一个属性值，其他位置的属性值可以通过线性内插方法求得[图4-10(a)]。

(2) 不规则分布的样点：在平面区域根据需要自由选定样点，每个样点都对应一个属性值，其他任意位置的属性值可以通过克里金内插、反距离加权内插等空间内插方法得到[图4-10(b)]。

(3) 规则格网：将平面区域划分为规则的、间距相等的矩形区域，每个矩形区域称作格网单元(grid cell)。每个格网单元对应一个属性值，而忽略格网单元内部属性的细节变化[图4-10(c)]。

(4) 不规则格网：将平面区域划分为简单连通的多边形区域，每个多边形区域的边界由一组样点所定义；每个多边形区域对应一个属性常量值，而忽略多边形区域内部属性的细节变化[图4-10(d)]。

(5) 不规则三角形:将平面区域划分为简单连通的三角形区域,三角形的顶点由样点定义,且每个顶点对应一个属性值;三角形区域内部任意位置的属性值可以通过线性内插得到[图 4-10(e)]。

(6) 等值线:用一组等值线 $C_1,C_2,\cdots,C_n$ 将平面分成若干个区域。每条等值线对应一个属性值,两条等值线中间区域任意位置的属性值可以由这两条等值线连续插值得到[图 4-10(f)]。

3. 网络模型

网络模型是一种特殊的观察世界的视点,网络是在地理空间中通过无数“通道”互相连接的一组地理空间位置。现实世界中的很多地理事物和现象都可以表示为网络,如路网、水系网、管网、能量流等。网络模型的创始人为数学家欧拉,他在 1736 年解决了当时一个著名的问题,即七桥问题[图 4-11(a)]。

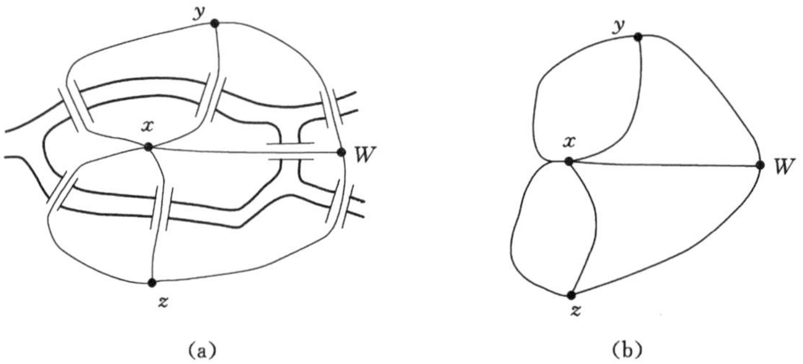

图 4-11　七桥问题示意图

七桥问题是在 18 世纪初提出的,在普鲁士的哥尼斯堡有一条河穿过,河上有两座小岛,有七座桥把两座岛与河岸联系起来。有个人提出一个问题:一个步行者怎样才能不重复、不遗漏地一次走完七座桥,最后回到出发点?

欧拉解决问题的过程为:首先抽象出所有的桥之间的拓扑关系[图 4-11(b)],将问题抽象成一系列的点和弧段。然后依据经过每个结点的边的奇偶数来判断。除了开始的结点和末端的结点外,经过一个结点的路径必须是沿着一个边界进入,又沿着另一个边界出去,这说明了两个边界对应着同一个结点。因此每个中间结点相连的边界数量必须是偶数。所以这个图论的问题没有解。

在网络模型中,地物被抽象为链、结点等对象,同时要关注其间的连通关系。网络模型与对象模型在一些方面有共同点,因为它们要经常处理离散的地物,但是网络模型最基本的特征就是需要多个要素之间的影响和交互。相关现象的精确形状并不是非常重要的,重要的是具体现象之间的距离或者阻力的度量。网络模型的典型例子就是研究交通,包括陆上、海上及航空线路,以及通过管线与隧道分析水、汽油及电力的流动。例如,一个电力供应公司对它们的设施管理可能既采用了一个基于要素的视点,同时又采用了一个基于网络的视点,这依赖于他们关心的是不是替换一个特定的管道,在这种情况下,一个基于要素的视点可能是合适的;或者他们关心的是分析重建线路,在这种情况下,网络模型将是合适的。

如果将网络模型中的点和弧段理解为点对象和线对象，那么网络模型就可以理解为对象模型的一个特例。

4. 模型选择

对象模型、场模型和网络模型都是对复杂现实世界进行的一种抽象结果，所以如何选择合适的概念模型需要根据具体问题具体分析。比如：研究目的和意义是什么？是关注要素还是关注位置？何种拓扑关系能满足需求？基于可用数据做什么空间分析？需要得出什么样的结论？需要输出何种地图？可用的数据是什么类型？回答了以上问题，模型的选择就有了答案。

4.2.2　空间数据逻辑模型

空间数据逻辑模型作为概念模型向物理模型转换的桥梁，是根据概念模型确定的空间信息内容，它以计算机能理解和处理的形式，具体地表达空间实体及其关系。针对对象模型和场模型两类概念模型，一般采用矢量数据模型、栅格数据模型等逻辑模型来进行空间实体及其关系的逻辑表达。空间数据概念模型与逻辑模型不是一一对应的，而是存在着一定的交叉关系。例如，采用对象模型建模的地理现象可采用具有拓扑关系或不具有拓扑关系表达的矢量数据模型；在场模型中的 6 种建模方式中，图 4-10 中的(a)和(c)可以采用栅格数据模型，图 4-10 中的(d)和(f)可以采用矢量数据模型。

1. 矢量数据模型

矢量数据模型起源于“Spaghetti 模型”(详见第 5.1.1 小节)，这是一种产生于计算机地图制图的数据模型，适于用对象模型抽象的地理空间对象。空间对象的矢量数据模型如图 4-12 所示。在矢量数据模型中，点实体用一对空间坐标表示，在二维空间中对应为 (x,y)，同时赋予点实体相应的属性，搭配适宜的制图符号。线实体由一串坐标对组成，在二维空间中表示为 $(x_1,y_1),(x_2,y_2),\cdots,(x_n,y_n)$，同时也需要赋予线实体相应的属性，搭配适宜的制图符号。面由其边界线表示，表示为首尾相连的坐标串，在二维空间中对应为 $(x_1,y_1),(x_2,y_2),\cdots,(x_n,y_n),(x_1,y_1)$，面状实体不仅要存储相应的属性，更重要的是要表达制图区域的拓扑关系。

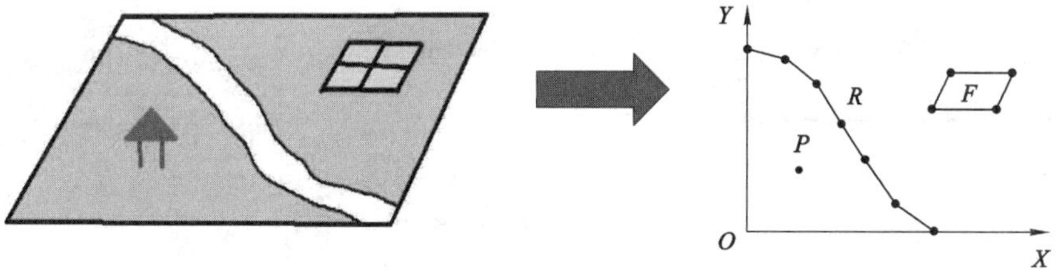

图 4-12　空间对象的矢量数据模型

每一个实体都给定一个唯一标识符(identifier)来标识该实体。矢量数据模型能够精确地表示点、线及多边形面的实体，并且能方便地进行比例尺变换、投影变换以及输出到笔式绘图仪上或视频显示器上。

如果空间实体的空间特征信息(位置)连同属性信息一起组织并存储，则根据属性特征的不同，点可用不同的符号来表示，线可用颜色不同、粗细不等、样式不同的线型绘制，多边形则可以填充不同的颜色和图案。在矢量数据模型中，可以明确地描述图形要素之间的拓扑关系。在具有拓扑关系的矢量数据模型中，多边形边界被分割成一系列的弧段和结点。

在矢量数据模型中，空间实体现象由点、线、面等原型实体及其集合来表示。观察的尺度或者概括的程度影响着使用原型的种类。在小比例尺图中，城镇这类对象可以用点表示，道路和河流用线表示。在较大比例尺图中，城镇被表示为一定形状的多边形，包括建筑物的边界、公园、道路等实体。

矢量数据的主要获取方式如下。

(1) 由外业测量获得(包括全站仪测量、GNSS测量、常规测量等)：可利用测量仪器自动记录测量成果，然后转到地理数据文件中。

(2) 由栅格数据转换获得：利用栅格数据矢量化技术，可以把栅格数据转换为矢量数据。

(3) 跟踪数字化：采用跟踪数字化的方法，可以把地图变成离散的矢量数据。

2. 栅格数据模型

栅格数据模型比较适于用场模型抽象表达空间对象，采用面域或空域的枚举来直接描述空间实体。栅格可以用数字矩阵来表示，地理空间坐标隐含在矩阵的行列上。数字扫描仪、视频数字化仪、针式打印机、喷墨绘图仪等设备是基于栅格模式的。应用栅格数据模型进行数字图像处理和分析已被广泛应用于遥感、医学图像、计算机视觉等领域。

在栅格数据模型中，点实体是一个栅格单元(cell)或像元，线实体由一串彼此相连的像元构成，面实体则由一系列相邻的像元构成，像元的大小是一致的。空间对象的栅格数据模型如图4-13所示。每个像元对应一个表示该实体属性的值。若需要描述统一地理空间的不同属性，则可以按照不同的属性将数据分层，每层描述一种属性。当栅格单元太粗糙，未能与空间目标吻合时，就会丢失某些高分辨率情况下的细节信息。栅格单元的形状通常是正方形，有时也采用矩形。栅格的行列信息和原点的地理位置被记录在每一层中。

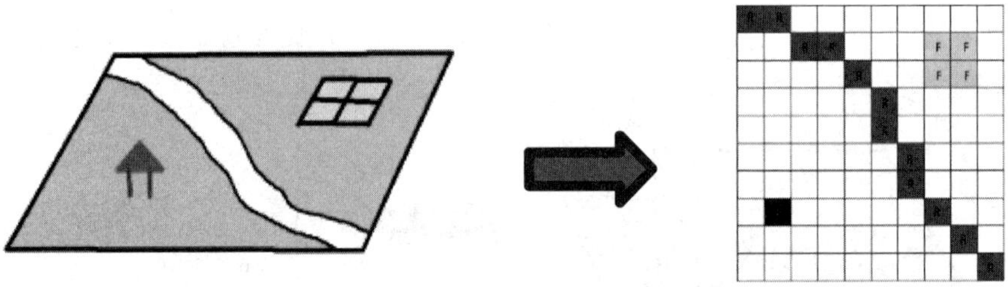

图4-13 空间对象的栅格数据模型

栅格的空间分辨率是指一个像元在地面所代表的实际面积大小。对于一个面积为100 km^2 的区域，以10 m的分辨率来表示则需要有10 000×10 000个栅格，即1亿个像元。如果每个像元占一个计算机存储单元，即一个字节(byte)，那么这幅图像就要占用100 M的存储空间，这是相当大的。随着分辨率的提高，对存储空间的要求将呈几何级数地增加。因此，在栅格数据模型中，选择空间分辨率时必须考虑存储空间和处理时间的开销。同时，往往需要借助相应的空间数据结构来组织数据并压缩数据量，以节省存储空间。

栅格数据模型的一个优点是不同类型的空间数据层可以进行叠加操作，不需要经过复杂的几何计算。但对于一些变换、运算,如比例尺变换、投影变换等则操作不太方便。

一个完整的栅格数据模型需要以下几个参数:

(1) 栅格形状。栅格单元通常为矩形或正方形。

(2) 栅格单元大小。栅格单元大小也就是栅格单元的尺寸,即分辨率。栅格单元的合理尺寸应能有效地逼近空间对象的分布特征,以保证空间数据的精度。但是用栅格来逼近空间实体,不论采用多细小的栅格,与原实体相比都会有误差。格网太大,会忽略较小图斑,导致信息丢失。格网太小,则导致数据量过大。通常以保证最小图斑不丢失为原则来确定合理的栅格尺寸。栅格单元的边长 L 用如下公式计算:

$$L = \frac{1}{2}\sqrt{S}$$

式中,S 为区域多边形的面积。

(3) 栅格原点。栅格系统的起始坐标应当和国家基本比例尺地形图公里网(方里网)的交点相一致,或者和已有的栅格系统数据相一致。并同时使用公里网的纵横坐标轴作为栅格系统的坐标轴。这样在使用栅格数据时,就容易和矢量数据或已有的栅格数据配准。

(4) 栅格的倾角。通常情况下,栅格的坐标系统与国家坐标系统平行。但有时候根据应用的需要,可以将栅格系统倾斜某一个角度,以方便应用。

栅格数据的主要获取方法如下。

(1) 手工网格法:在专题图上均匀划分网格,逐个确定网格属性值,最后形成栅格数据文件。

(2) 图片扫描:通过扫描仪对地图或其他图件进行扫描,从而获得栅格数据。

(3) 矢量数据转换:利用矢量数据栅格化技术,可以把矢量数据转换成栅格数据。

(4) 遥感影像数据:通过遥感手段获得的数字图像就是一种栅格数据。

栅格单元取值是唯一的,但由于受到栅格大小的限制,栅格单元中可能会出现多个地物,那么在决定栅格单元值时应尽量保持其真实性。对于如图 4-14 所示的栅格单元,要确定该单元的属性取值,可根据需要选用如下方法。

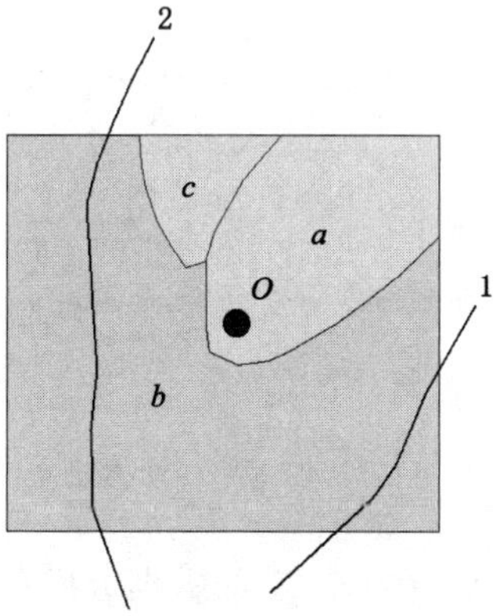

图 4-14　混合像元

(1) 中心归属法:由位于栅格中心处的地物类型来决定其取值。如图 4-14 所示,中心点 O 落在代码为 a 的地物范围内,按照中心归属法的规则,该矩形区域相应的栅格单元代

码为 a。该方法适用于连续分布的地理要素，如人口密度分布。

（2）面积占优法：以占矩形区域面积最大的地物类型作为栅格单元的代码。如图 4-14 所示，b 的面积要大于 a，按照面积占优法的规则，该矩形区域相应的栅格单元代码为 b。该方法适用于地物类别斑块较大的地理要素，如绿地。

（3）百分比法：根据矩形区域内各地理要素所占面积的百分比来确定栅格单元的取值。该方法同方法（2）。如图 4-14 所示，在该矩形区域中 b 所占面积的百分比要大于 a，按照百分比法的规则，该矩形区域相应的栅格单元代码为 b。

（4）重要性法：根据栅格内不同地物的重要性程度，选取特别重要的空间实体来决定栅格单元的取值。如图 4-14 所示，在该矩形区域中假定 c 处范围内存在稀有金属，在重要性上要超过 a 和 b，则根据重要性法的规则，该矩形区域相应的栅格单元代码为 c。重要性法常用于具有特殊意义而面积较小的地理要素，特别是点、线状地理要素，如城镇、交通枢纽、交通线、河流水系等，栅格中的代码应尽量表示这些重要地物。

（5）长度占优法：每个栅格单元的值以网格中线（水平或垂直）的大部分长度所对应的面域的属性值来确定。如图 4-14 所示，在该矩形区域中有两条线状地物 1 和 2，2 的长度大于 1，根据长度占优法的规则，该矩形区域相应的栅格单元代码为 2。该方法适用于狭长地物，如断裂带。

思考题

1．空间实体之间有哪些拓扑关系？请结合实例说明。

2．空间数据的概念模型有哪些？如何选择合适的概念模型？

3．如图 4-15 所示，请说明弧段、多边形之间存在哪些拓扑关系。

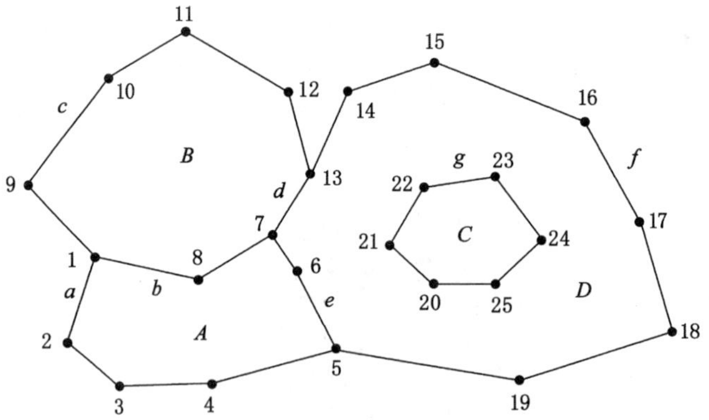

图 4-15　某类型拓扑关系示意图

4．请说明矢量数据和栅格数据在表达空间数据方面有何区别。

5．请说明如何通过概念模型、逻辑模型和物理模型对真实世界的信息进行抽象表达，从而将真实世界的信息存储到计算机中。

第 5 章　空间数据结构

空间数据结构是指对空间数据逻辑模型描述的数据的组织关系和编排方式，对地理信息系统中数据存储、查询检索和应用分析等操作处理的效率有着至关重要的影响。同一空间数据逻辑模型往往采用多种空间数据结构，如游程长度编码结构、四叉树结构都是栅格数据模型的具体实现。空间数据结构是地理信息系统沟通信息的桥梁，只有充分理解地理信息系统所采用的特定数据结构，才能正确有效地使用系统。

5.1　矢量数据结构

矢量数据结构是对矢量数据模型数据进行组织的方式。矢量数据结构直接以几何空间坐标为基础，记录取样点坐标。其主要优点为对复杂数据能够以最小的数据冗余进行存储，数据精度高，存储空间小，是一种高效的图形数据结构。

矢量数据结构按照其是否能够明确表示地理实体间的空间关系可分为实体数据结构（非拓扑数据结构）和拓扑数据结构两大类。

拓扑是一种对空间结构关系进行明确定义的数学方法。具有拓扑关系的矢量数据结构就是拓扑数据结构。拓扑数据结构是 GIS 的分析和应用功能所必需的。拓扑数据结构最重要的特征是具有拓扑编辑功能。

拓扑数据结构主要包括索引式结构、双重独立编码结构、链状双重独立式编码结构。

5.1.1　实体式数据结构

实体数据结构也称为 Spaghetti 数据结构，是指构成多边形边界的各个线段，以多边形为单元进行组织。这种数据结构，边界坐标数据和多边形单元实体一一对应，各个多边形边界点都单独编码并记录坐标。如对图 5-1 所示的多边形，可以采用两种结构分别组织。

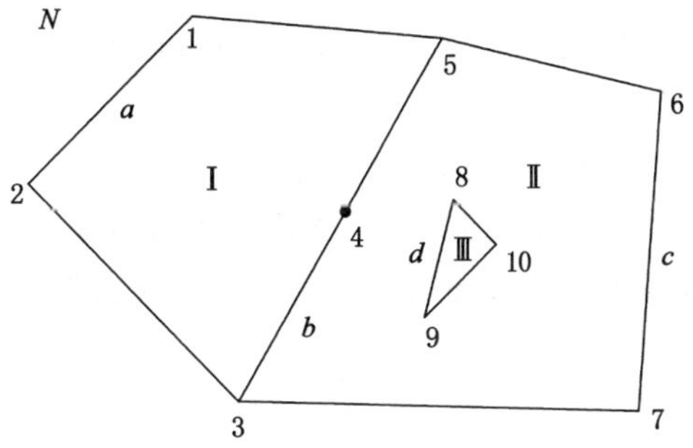

图 5-1　原始多边形数据

第一种结构采用表 5-1 的形式进行组织，第二种结构采用表 5-2 的形式组织多边形顶点坐标，同时在表 5-3 中记录多边形与点的关系。

表 5-1　多边形数据文件

多边形 ID	坐标
Ⅰ	$(x_1,y_1),(x_2,y_2),(x_3,y_3),(x_4,y_4),(x_5,y_5),(x_1,y_1)$
Ⅱ	$(x_3,y_3),(x_4,y_4),(x_5,y_5),(x_6,y_6),(x_7,y_7),(x_3,y_3)$
Ⅲ	$(x_8,y_8),(x_9,y_9),(x_{10},y_{10}),(x_8,y_8)$

表 5-2　点坐标文件

点号	坐标
1	x_1,y_1
2	x_2,y_2
3	x_3,y_3
4	x_4,y_4
5	x_5,y_5
6	x_6,y_6
7	x_7,y_7
8	x_8,y_8
9	x_8,y_9
10	x_{10},y_{10}

表 5-3　多边形文件

多边形 ID	点号串
Ⅰ	1,2,3,4,5,1
Ⅱ	3,4,5,6,7,3
Ⅲ	8,9,10,8

这种数据结构具有编码容易、数字化操作简单和数据编排直观等优点。但这种方法也有以下明显缺点：

① 相邻多边形的公共边界被数字化了两遍，从而造成数据冗余存储，可能会导致输出的公共边界出现间隙或重叠；

② 缺少多边形的邻域信息和图形的拓扑关系；

③ 岛只作为一个单独图形，没有建立与外界多边形的联系。

因此，实体式数据结构只适用于简单的系统，如计算机地图制图系统。

5.1.2　索引式结构

索引式结构采用树状索引以减少数据冗余并间接增加邻域信息。具体方法是对所有边界点进行数字化，将坐标对以顺序方式存储，由点索引与边界线号相联系，由线索引与各多边形相联系，形成树状索引结构。

图 5-2 和图 5-3 所示分别为图 5-1 的多边形文件和线文件树状索引图。组织图 5-2 和图 5-3 需要 3 个表文件，第一个表文件记录多边形和边界弧段的关系，第二个表文件记录边界弧段由哪些点组成，第三个表文件记录每个顶点的坐标，具体的记录内容见表 5-4、表 5-5 和表 5-6。

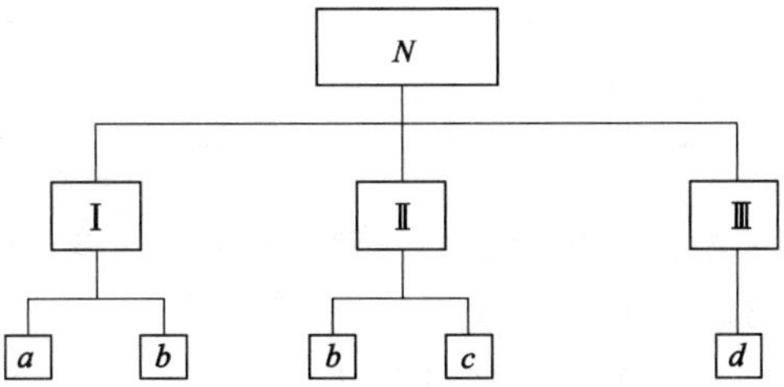

图 5-2　多边形-线的索引关系

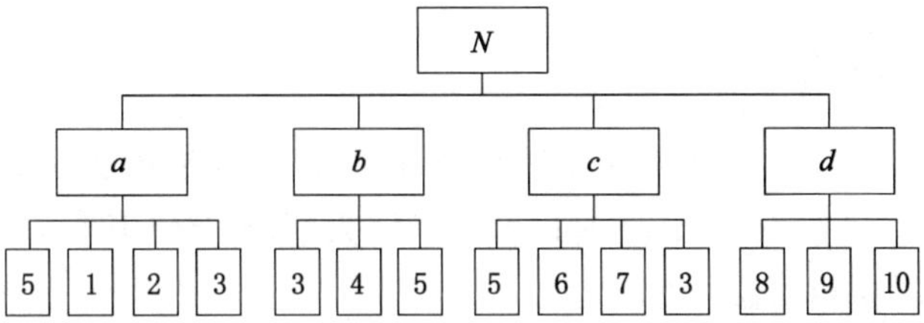

图 5-3　点-线的索引关系

表 5-4　多边形文件

多边形 ID	组成多边形的边 ID
Ⅰ	a,b
Ⅱ	b,c
Ⅲ	d

表 5-5　边文件

边 ID	组成边的点 ID
a	5,1,2,3
b	3,4,5
c	5,6,7,3
d	8,9,10,8

表 5-6　点坐标文件

点号	坐标
1	x_1,y_1
2	x_2,y_2
3	x_3,y_3
4	x_4,y_4

表 5-6(续)

点号	坐标
5	x_5 , y_5
6	x_6 , y_6
7	x_7 , y_7
8	x_8 , y_8
9	x_8 , y_9
10	x_{10} , y_{10}

树状索引结构消除了相邻多边形边界的数据冗余和不一致的问题，在简化过于复杂的边界线或合并多边形时可不必改造索引表。邻域信息和岛状信息，可以通过对多边形文件的线索引处理得到(如多边形Ⅰ、Ⅱ之间通过公共边 *b* 相邻接)，但是比较烦琐，因而给邻域函数运算、消除无用边、处理岛状信息以及检查拓扑关系等带来一定的困难，而且编码表都要以人工方式建立，工作量大且容易出错。

5.1.3 双重独立编码结构

这种数据结构最早是由美国人口统计系统采用的一种编码方式，简称 DIME(dual independent map encoding)编码系统，它以城市街道为编码主体，其特点是采用了拓扑编码结构，这种结构最适于城市信息系统。

双重独立编码结构是对图上网状或面状要素的任何一条线段，用顺序的两点以及相邻多边形来予以定义。例如，如对图 5-4 所示的多边形数据，利用双重独立编码可得到以线段为中心的拓扑关系表，以及点坐标文件和边文件，如表 5-7 至表 5-9 所示。

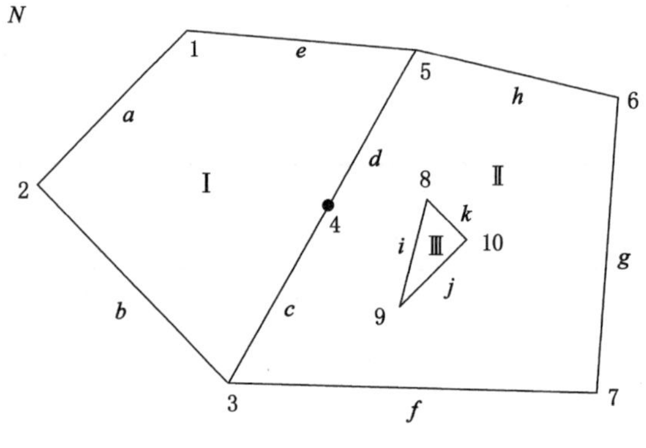

图 5-4　多边形原始数据

表 5-7　双重独立式编码线文件结构

线号	起点	终点	左多边形	右多边形
a	1	2	Ⅰ	*N*
b	2	3	Ⅰ	*N*
c	3	4	Ⅰ	Ⅱ
d	4	5	Ⅰ	Ⅱ

表 5-7(续)

线号	起点	终点	左多边形	右多边形
e	5	1	Ⅰ	N
f	3	7	Ⅱ	N
g	7	6	Ⅱ	N
h	6	5	Ⅱ	N
i	8	9	Ⅲ	Ⅱ
j	9	10	Ⅲ	Ⅱ
k	10	8	Ⅲ	Ⅱ

表 5-8　点坐标文件

点号	坐标
1	x_1, y_1
2	x_2, y_2
3	x_3, y_3
4	x_4, y_4
5	x_5, y_5
6	x_6, y_6
7	x_7, y_7
8	x_8, y_8
9	x_8, y_9
10	x_{10}, y_{10}

表 5-9　边文件

边 ID	组成边的点 ID
a	1,2
b	2,3
c	3,4
d	4,5
e	5,1
f	3,7
g	6,7
h	5,6
i	8,9
j	9,10
k	8,10

表 5-9 中第二行表示线段 a 的方向是从结点 1 到结点 2，其左侧面域的多边形是 Ⅰ，右侧面域的多边形是 N。在双重独立式数据结构中，结点与结点或者多边形与多边形之间为邻接关系，结点与线段或者多边形与线段之间为关联关系。利用这种拓扑关系来组织数

据,可以有效地进行数据存储正确性检查(如多边形是否封闭),同时便于对数据进行更新和检索。因为通过这种数据结构格式绘制图形,当多边形的起始结点与终止结点相一致,并且按照左侧面域或右侧面域自动建立一个指定的区域单元时,空间点的左边应当自行闭合。如果不闭合,或者出现多余线段,则表示数据存储或编码有误,这样就可以达到数据自动编辑的目的。同样利用该结构可以自动形成多边形,并可以检查线文件数据的正确性。

DIME 编码结构尤其适用于城市地籍宗地的管理,在宗地管理中,界址点对应于点,界址边对应于线段,面对应于多边形,各种要素都有唯一的标识符。

5.1.4 链状双重独立式编码结构

链状双重独立式数据结构是 DIME 数据结构的一种改进类型。在 DIME 中,一条边只能用直线两端点的序号及相邻的多边形来表示,而在链状数据结构中,将若干个直线段合为一个弧段(或链段),每个弧段可以有许多中间点。

在链状双重独立式编码结构中,主要有 4 个文件:多边形文件、弧段文件、弧段点文件、点坐标文件。多边形文件主要由多边形记录组成,包括多边形号、组成多边形的弧段号以及周长、面积、中心点坐标及有关“洞”的信息等。多边形文件也可以通过软件自动检索各有关弧段生成,并同时计算出多边形的周长和面积以及中心点的坐标。当多边形含有“洞”时,则此“洞”的面积为负,并在总面积中减去,另外在组成它的弧段号前也需要冠以负号。弧段文件主要由弧记录组成,存储弧段的起止结点号和弧段左右多边形号。弧段点文件由一系列点的位置坐标组成,一般从数字化过程中获取,数字化的顺序确定了这条链段的方向。点坐标文件由结点记录组成,存储每个结点的结点号、结点坐标及与该结点连接的弧段。点坐标文件一般通过软件自动生成,因为在数字化的过程中,由于数字化操作的误差,各弧段在同一结点处的坐标不可能完全一致,需要进行匹配处理。当其偏差在允许范围内时,可取同名结点的坐标平均值。如果偏差过大,则弧段需要重新数字化。

对如图 5-1 所示的矢量数据,其链状双重独立式编码结构需要多边形文件、弧段文件、弧段点文件、点坐标文件,相关文件内容见表 5-10 至表 5-13。

表 5-10　多边形文件

多边形 ID	组成多边形的弧段号	属性(如周长、面积等)
Ⅰ	a,b	…
Ⅱ	$c,b,-d$	…
Ⅲ	d	…

表 5-11　弧段文件

弧段 ID	起始点	终止点	左多边形	右多边形
a	3	5	N	Ⅰ
b	5	3	Ⅱ	Ⅰ
c	5	3	N	Ⅱ
d	10	10	Ⅱ	Ⅲ

表 5-12　弧段点文件

弧段 ID	点号
a	3,2,1,5
b	5,4,3
c	5,6,7,3
d	10,9,8,10

表 5-13　点坐标文件

点号	坐标
1	x_1,y_1
2	x_2,y_2
3	x_3,y_3
4	x_4,y_4
5	x_5,y_5
6	x_6,y_6
7	x_7,y_7
8	x_8,y_8
9	x_9,y_9
10	x_{10},y_{10}

5.2　栅格数据结构

以规则栅格阵列表示空间对象的数据结构称为栅格数据结构。栅格数据结构是最简单最直接的空间数据结构，阵列中每个栅格单元上的数值表示空间对象的属性特征。即栅格阵列中每个单元的行列号确定位置，属性值表示空间对象的类型、等级等特征。每个栅格单元只能存在一个值。如图 5-5 所示，在栅格数据结构中，点用一个栅格单元表示；线状地物用沿线走向的一组相邻栅格单元表示；面或区域用记有区域属性的相邻栅格单元的集合表示，每个栅格单元可有多于两个的相邻单元同属一个区域。遥感影像属于典型的栅格数据结构，每个像元的数字表示影像的灰度等级。

栅格数据结构表示的地表是不连续的，是量化和近似离散的数据。在栅格数据结构中，地理空间被分成相互邻接、规则排列的栅格单元，一个栅格单元对应一个小块地理范围。将实体表示为栅格数据如图 5-6 所示。

栅格数据结构的显著特点是：属性明显，定位隐含，即数据直接记录属性的指针或属性本身，而所在位置则根据行列号转换为相应的坐标给出，也就是说定位是根据数据在数据集中的位置得到的。同时具有数据结构简单、数学模拟方便的优点。但也存在着缺点，即数据量大，难以建立实体之间的拓扑关系，在通过改变分辨率而减少数据量时精度和信息

0	0	0	0	0	0	0	0
0	0	0	0	0	0	0	0
0	0	0	0	2	0	0	0
0	0	0	0	0	0	0	0
0	0	0	0	0	0	0	0
0	0	0	0	0	0	0	0
0	0	0	0	0	0	0	0
0	0	0	0	0	0	0	0

(a) 点

0	0	0	0	0	0	0	0
0	0	0	6	0	0	0	0
0	6	6	0	6	0	0	0
0	0	0	0	0	6	0	0
0	0	0	0	0	6	0	0
0	0	0	0	0	6	0	0
0	0	0	0	0	0	6	0
0	0	0	0	0	0	0	0

(b) 线

0	4	4	7	7	7	7	7
4	4	4	4	4	7	7	7
4	4	4	4	8	8	7	7
0	0	4	8	8	8	7	7
0	0	8	8	8	8	7	8
0	0	0	8	8	8	8	8
0	0	0	0	8	8	8	8
0	0	0	0	0	8	8	8

(c) 面

图 5-5 点、线、面的栅格数据结构

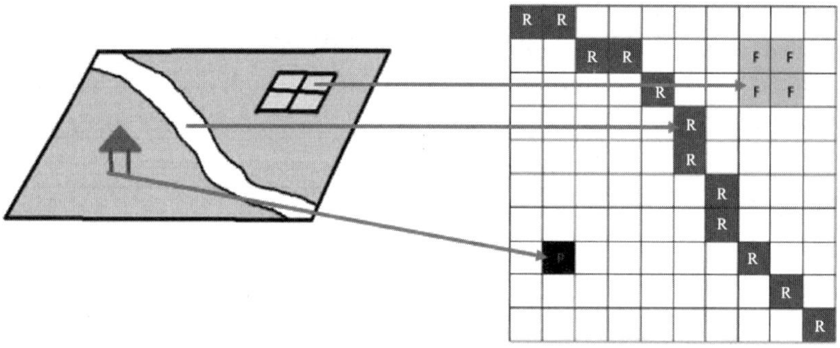

图 5-6 将实体表示为栅格数据

量会同时受损等。

5.2.1 直接栅格编码结构

这是最简单最直接的一种栅格编码方法。通常这种编码为栅格文件或格网文件。它不采用任何压缩数据的处理，因此是最直观、最基本的栅格数据组织方式。直接栅格编码结构将栅格数据看作一个数据矩阵，逐行记录代码数据。

如图 5-7 所示为面状地物的栅格矩阵结构。可以每行都从左到右逐个记录像元(AAAB ABBB AABB AABB)，也可以奇数行从左到右，而偶数行从右向左记录(AAAB BBBA AABB BBAA)。为了特定目的还可采用其他特殊的顺序，如图 5-8 所示。

A	A	A	B
A	B	B	B
A	A	B	B
A	A	B	B

图 5-7 栅格矩阵

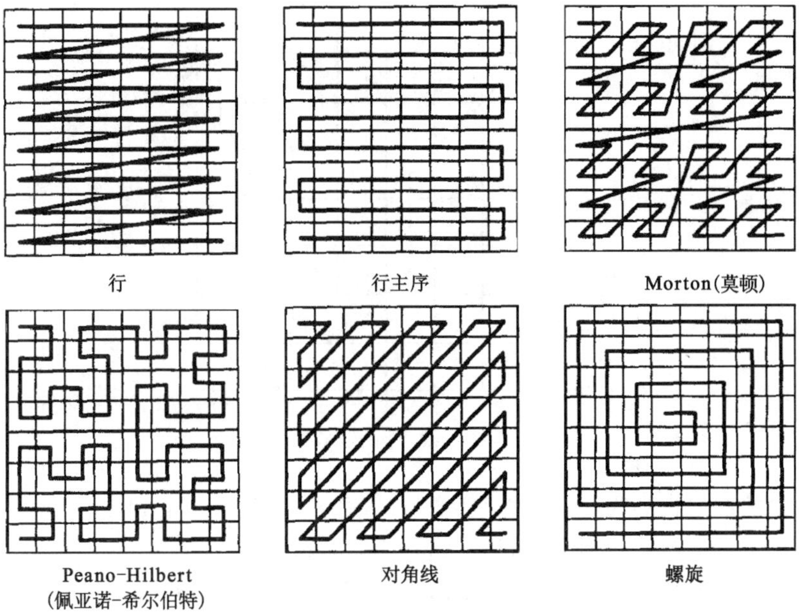

图 5-8　常用的栅格排列顺序

在直接编码的栅格数据结构中，如果栅格矩阵是 m 行 n 列的，其中矩阵中的每个元素占用的存储容量是 c，则单个图层的全部栅格数据所需的存储空间是 m(行)×n(列)×c。随着栅格分辨率的提高，存储空间将呈几何级数递增。通常一个图层或一幅图像将占据相当大的存储空间。因此，如何对栅格数据进行压缩是首先要解决的问题之一，以下介绍几种压缩编码结构。

5.2.2　链式编码结构

链式编码也称为弗里曼(Freeman)链码，是将栅格数据(线状地物或面域边界)表示为矢量链的记录，属于栅格的邻域思想。即将线状地物或面域边界表示为：由某一起始点和在某些基本方向上的单位矢量链组成。

其基本过程为：首先依照从上到下、从左到右的原则寻找起始点，同时定义一个 3×3 窗口，在窗口内按照基本方向确定单位矢量链。基本方向按照图 5-9 中的方向进行定义，矢量链式编码如图 5-10 所示。

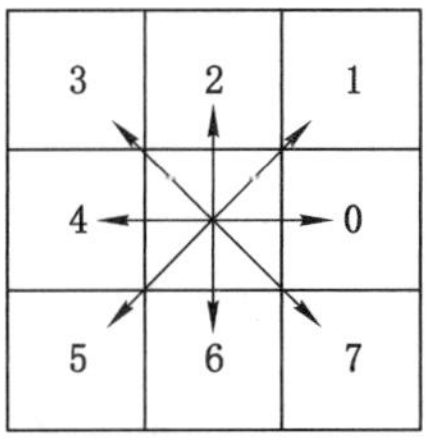

图 5-9　Freeman 方向

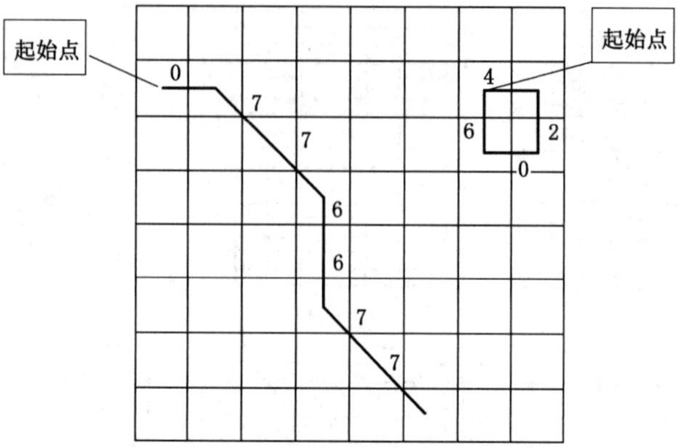

图 5-10　线、面的链式编码

线状地物的起始行列为(2,1),编码为:0,7,7,6,6,7,7。

面状地物边界的起始行列为(2,7),编码为:6,0,2,4。

链式编码具有很强的压缩能力,可以有效地存储压缩栅格数据,而且对许多数据操作有良好的支持,便于面积、长度、转折方向和边界、线段凹凸度的计算。缺点是不易做边界合并,插入操作、编辑较困难,对局部修改将改变整体结构,效率低下,并且容易产生冗余数据。

5.2.3　游程编码结构

游程长度(run-length)编码,也称行程编码,不仅是一种无损压缩栅格数据的重要方法,也是一种栅格数据结构。它的基本思想是:对于一幅栅格数据(或影像),常常有行(或列)方向上相邻的若干点具有相同的属性代码,因而可采取某种方法压缩那些重复的记录内容,具有"合并同类项"的思想。其编码方案是,只在各行(或列)数据值发生变化时依次记录该值以及相同值重复的个数,从而实现数据的压缩,并实现数据的组织。经编码后,原始栅格数据阵列转换为(S_i, f_i)数据对,其中 S_i 为属性值,f_i 为行程,即属性值重复的个数。如图 5-11 所示为原始栅格数据,图 5-12 和图 5-13 分别给出了栅格数据沿行和列方向进行游程长度编码的结果。

0	2	2	5	5	5	5	5
2	2	2	2	2	5	5	5
2	2	2	2	3	3	5	5
0	0	2	3	3	3	5	5
0	0	3	3	3	3	5	3
0	0	0	3	3	3	3	3
0	0	0	0	3	3	3	3
0	0	0	0	0	3	3	3

图 5-11　栅格数据

(0, 1), (2, 2), (5, 5);
(2, 5), (5, 3); (2, 4),
(3, 2), (5, 2); (0, 2),
(2, 1), (3, 3), (5, 2);
(0, 2), (3, 4), (5, 1),
(3, 1); (0, 3), (3, 5);
(0, 4); (3, 4); (0, 5),
(3, 3)。

图 5-12　游程编码(按行)

游程编码可以按行方向编码,如图 5-12 所示,图中用了 44 个整数就可以表示该栅格数据,如果用直接编码则需要 64 个整数表示,可见用游程长度编码压缩数据是十分有效又简

(0，1)，(2，2)，(0，5)；
(2，3)，(0，5)；(2，4)，
(3，1)，(0，3)；(5，1)，
(2，2)，(3，3)，(0，2)；
(5，1)，(2，1)，(3，5)，
(0，1)；(5，2)，(3，6)；
(5，5)，(3，3)；(5，4)，
(3，4)。

图 5-13　游程编码(按列)

便的。事实上，压缩比的大小是与图的复杂程度成反比的，在变化多的部分，游程数就多，在变化少的部分，游程数就少，图件越简单，压缩效率就越高。另一种游程长度编码方案是逐个记录各行(或列)代码发生变化的位置和相应代码，如图 5-13 所示为对栅格数据进行的另一种游程长度编码(沿列方向)。

游程长度编码属于无损压缩。区域越大，数据的相关性越强，则压缩比率越大，特别适用于同类型区域面积较大的地图。游程长度编码在栅格加密时，数据量却不会明显增加，编码解码运算简单，且易于检索、叠加等操作。

5.2.4　块状编码结构

块状编码属于游程长度编码向二维方向扩展的编码。块状编码结构采用方形区域作为记录单元，每个记录单元包括相邻的若干栅格。经编码后，原始栅格数据阵列转换为(R_i，C_i，f_i，S_i)数据组合，其中 R_i 为初始行号，C_i 为初始列号，S_i 为属性值，f_i 为半径即属性值在行列方向重复的个数。图 5-14 给出了对栅格数据进行块状编码的结果。

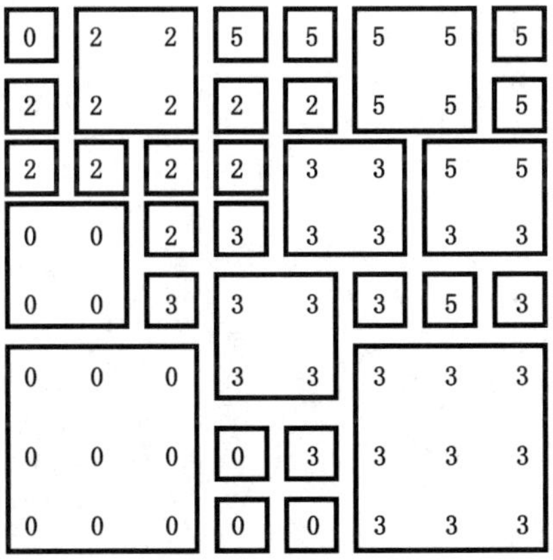

(a) 块状编码

(1，1，1，0)，(1，2，2，2)，
(1，4，1，5)，(1，5，1，5)，
(1，6，2，5)，(1，8，1，5)；
(2，1，1，2)，(2，4，1，2)，
(2，5，1，2)，(2，8，1，5)；
(3，3，1，2)，(3，4，1，2)，
(3，5，2，3)，(3，7，2，5)；
(4，1，2，0)，(4，3，1，2)，
(4，4，1，3)；(5，3，1，3)，
(5，4，2，3)，(5，6，1，3)，
(5，7，1，5)，(5，8，1，3)；
(6，1，3，0)，(6，6，3，3)；
(7，4，1，0)，(7，5，1，3)；
(8，4，1，0)，(8，5，1，0)。

(b) 块状编码的数据结构

图 5-14　块状编码及其数据结构

图 5-14 中的块状编码用了 112 个整数，比直接编码使用的数据还多。这是因为在上面例子中为了描述方便，栅格划分很粗糙。在实际应用中，栅格划分细，数据冗余多得多，才能显示出压缩编码的效果，而且还可以做一些技术处理，如行号可以通过行间标记而省去记录，行号和半径等也不必用双字节整数来记录，从而可减少数据冗余。

块状编码具有可变的分辨率，其中大块图斑的记录单元大，分辨率低，压缩比高；小块图斑的记录单元小，分辨率高，压缩比低。即当代码变化小时图块大，也就是说在区域图斑内部分辨率低；反之，分辨率高则以小块记录区域边界地段，以此达到压缩的目的。因此块状编码与游程长度编码相似，随着图形复杂程度的提高而效率降低，也就是说图斑越大，压缩比越高；图斑越碎，压缩比越低。块状编码在合并、插入、检查延伸性、计算面积等操作时有明显的优越性。然而在某些操作时，必须把游程长度编码和块状编码解码转换为基本栅格结构进行。

5.2.5 四叉树编码结构

四叉树又称四元树或四分树，是最有效的栅格数据压缩编码方法之一，绝大部分图形操作和运算都可以直接在四叉树结构上实现，因此四叉树编码既压缩了数据量，又可大大提高图形操作的效率。四叉树将整个图像区域逐步分解为一系列被单一类型区域内含的方形区域，最小的方形区域为一个栅格像元，分割的原则是将图像区域划分为四个大小相同的象限，而每个象限又可根据一定规则判断是否继续等分为次一层的四个象限，其终止的判断依据是，不管是哪一层上的象限，只要划分到仅代表一种地物或符合既定要求的少数几种地物时，则不再继续划分，否则一直划分到单个栅格像元为止。四叉树通过树状结构记录这种划分，并通过这种四叉树状结构实现查询、修改、量算等操作。图 5-15(b)为图 5-15(a)中图形的四叉树分解。

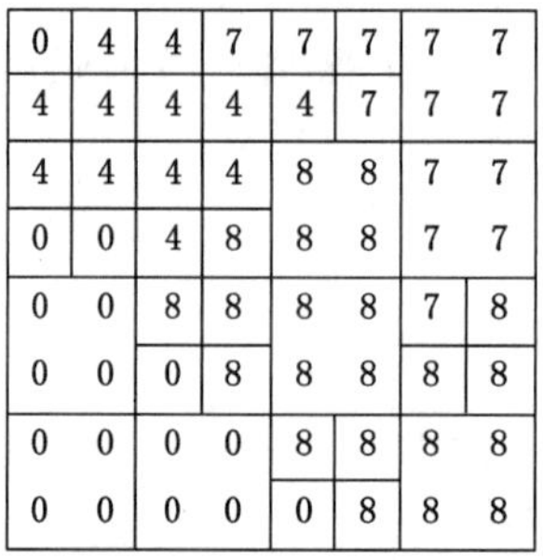

(a) 四叉树分割

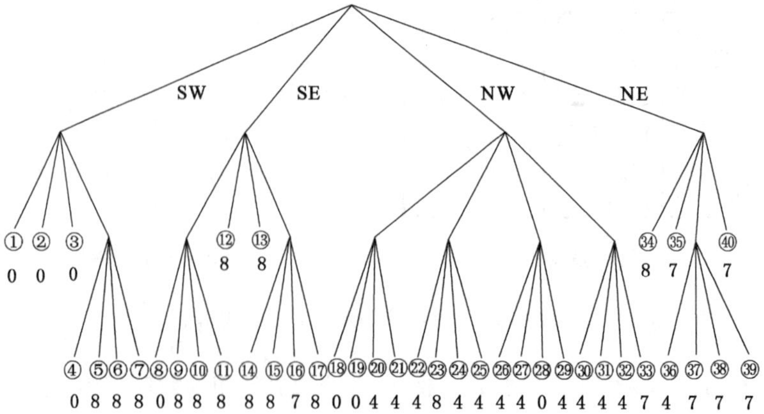

(b) 四叉树编码

图 5-15 四叉树编码

其中最上面的那个结点叫作根结点，它对应整个图形。在图 5-15(b)中总共有 4 层结点，每个结点对应一个象限，如第 2 层的 4 个结点分别对应整个图形的四个象限，排列次序依次为南西(SW)、南东(SE)、北西(NW)和北东(NE)。不能再分的结点称为终止结点(又称叶子结点)，它可能落在不同的层上，该结点代表的子象限具有单一的代码，所有终止结点所代表的方形区域覆盖了整个图形。从上到下、从左到右用圆圈起来的数字为叶子结点编号，如图 5-15(b)所示，共有 40 个叶子结点，也就是说原图被划分为 40 个大小不等的方形子区，图 5-15(b)的最下面的一排数字表示各子区的代码。

由图 5-15 的四叉树分解可知，四叉树中象限的尺寸是大小不一的，位于较高层次的象限较大、深度小即分解次数少，而低层次上的象限较小、深度大即分解次数多，这反映了图上某些位置具有单一地物且分布较广，而另一些位置上的地物分布比较复杂，变化较大。正是由于四叉树编码能够自动地依照图形变化而调整象限尺寸，因此它具有极高的压缩效率。

在采用四叉树编码时，为了保证四叉树分解能不断地进行下去，要求图像必须为 $2^n \times 2^n$ 的栅格阵列，n 为极限分割数，$n+1$ 为四叉树的最大高度或最大层数，例如，图为 $2^3 \times 2^3$ 的栅格最多可划分三次，最大层数为 4，对于非标准尺寸的图像需要首先通过增加背景的方法将图像扩充为 $2^n \times 2^n$ 的图像。

为了使计算机既能以最小的冗余存储图像对应的四叉树，又能方便地完成各种图形图像操作，专家们已提出了多种编码方式，下面介绍美国马里兰大学在地理信息系统中采用的编码方式，该方法记录了终止结点(或叶子结点)的地址和值，值就是子区的代码，其中地址包括两个部分，共 32 位(二进制)，最右边 4 位记录该叶子结点的深度，即处于四叉树的第几层上，有了深度便可以推知子区的大小；地址由从根结点到该叶子结点的路径表示，0、1、2、3 分别表示 SW、SE、NW、NE，从右边第 5 位开始 $2n$ 字节记录这些方向。如图 5-15(b)表示的第 6 个结点深度为 3，第一层处于 SW 象限，记为 0；第二层处于 NE 象限，记为 3；第三层处于 NW 象限，记为 2，表示为二进制为：

0000⋯　000(22 位)；001110(6 位)；0011(4 位)

每层象限位置由两位二进制数表示，共 6 位，十进制整数为 227。这样，记录了各个叶子的地址，再记上相应代码值，就记录了这个图像，并可在此编码基础上进行多种图像操作。

事实上，叶结点的地址可以直接由子区左下角的行列坐标，按二进制按位交错得到。如对于 6 号叶子结点，在以图像左下角为原点的行列坐标系中，其左下角行、列坐标为(3,2)，表示为二进制分别为 011 和 010，按位交错就是 001110，正是 6 号地块。

对于只有点状地物或只有线状地物的图件，为了提高效率，专家们设计了略有不同的划分终止条件和记录方法，称为点四叉树和线四叉树。点四叉树对子象限的划分直到每个子象限不含有点或只含有一个点为止，叶子的值则记录是否有点和点在子象限的位置；线四叉树对子象限的划分直到每个子象限不含有线段或只含有单个线段为止，对线的结点则划分到单个像素，其叶子值记录更为复杂。

四叉树编码具有可变的分辨率，并且有区域性质，压缩数据灵活，许多运算可以在编码数据上直接实现，大大提高了运算效率，是优秀的栅格压缩编码之一。

一般说来，对数据的压缩是以增加运算时间为代价的。在这里时间与空间是一对矛盾，为了更有效地利用空间资源，减少数据冗余，不得不花费更多的运算时间进行编码，好的压缩编码方法就是要在尽可能减少运算时间的基础上达到最大的数据压缩效率，并且算法要适应性强，易于实现。链式编码的压缩效率较高，已经接近矢量结构，对边界的运算比较方便，但不具有区域的性质，区域运算困难；游程长度编码既可以在很大程度上压缩数据，又最大限度地保留了原始栅格结构，编码解码十分容易；块状编码和四叉树编码具有区域性质，又具有可变的分辨率，有较高的压缩效率，四叉树编码可以直接进行大量图形图像运算，效率较高，是很有前途的方法。在此基础上已经开始发展用于三维数据的八叉树编码等。

思考题

1. 请说明矢量数据模型和栅格数据模型分别属于哪种概念模型，并论述原因。

2. 请绘制矢量图，描述其双重独立编码文件结构和链状双重独立式编码文件结构，并说明每种结构的特点。

3. 请绘制栅格图，对其进行四叉树编码，并说明四叉树编码的特点。

第 6 章　空间数据获取

高俊院士曾经说过"图到用时方恨少,重绘河山待后生"。高俊院士所说的图便是空间数据,空间数据是 GIS 的血液,空间数据的采集与处理也是在地理信息系统项目中工作量最大、最烦琐的一步,其工作量要占到建立地理信息系统总工作量的 80%以上。很多城市建设了 GIS 系统,但是并没有发挥预期的效益,很大部分原因在于没有发挥好数据的价值。陈述彭院士也把 GIS 中的数据比作水利设施中的水,没有了水,水利设施便无法发挥作用。可见,空间数据准确、高效获取是 GIS 平稳运行的基础。

本章主要阐述空间数据的来源、空间数据的采集方法、空间数据的处理、空间数据质量的把控,以及将空间数据入库的全流程。

6.1　空间数据源

空间数据源是指建立地理数据库所需的各种数据的来源,其种类多种多样,通常按照数据获取方式和数据表现形式进行分类。根据数据获取方式进行分类,空间数据源主要包括实测数据、地图数据、遥感影像数据、点云数据、文本数据、多媒体数据以及其他数据;根据数据表现形式则可以分为数字化数据、多媒体数据以及文本资料数据。按照数据的来源不同,其可以分为第一手的原始数据、经过处理加工后的第二手数据。按照是否为电子形式,其可以分为电子数据和非电子数据。下面主要介绍不同获取形式的数据源。

1. 实测数据

实测数据指通过各种测量仪器进行外业观测所得的数据。随着测量工具的更新和发展,许多实测数据可通过一系列操作转换为矢量数据,经过转换的数据可直接成为 GIS 的重要数据源,这些数据具有及时、准确的特点。实测数据包括 GNSS 的点位数据以及全站仪、测量机器人等的测量数据。如图 6-1 所示为全站仪外业实测。

2. 地图数据

各种类型的地图是 GIS 中最常见也是最主要的数据源。地图是地理数据的传统描述形式,图上实体之间的空间关系直观,内容丰富且精度较高。地图主要包括普通地图和专题地图。普通地图是表示地表自然地理要素和社会人文要素一般特征的地图,内含地貌、水系、土质、植被、居民地、交通网、境界线等内容,如图 6-2 所示。专题地图是突出反映一种或几种专题要素的地图,由专题地图的数学要素、专题要素和地理地图底图要素三个方面构成,是用来表现和分析数据的重要工具。

3. 遥感影像数据

遥感影像数据是 GIS 的重要信息源,也是在空间数据中最直接、现势性最强的数据形式。遥感影像具有丰富的信息,可真实形象地反映地物分布的现状,且信息覆盖全面,能够

图 6-1　外业测量

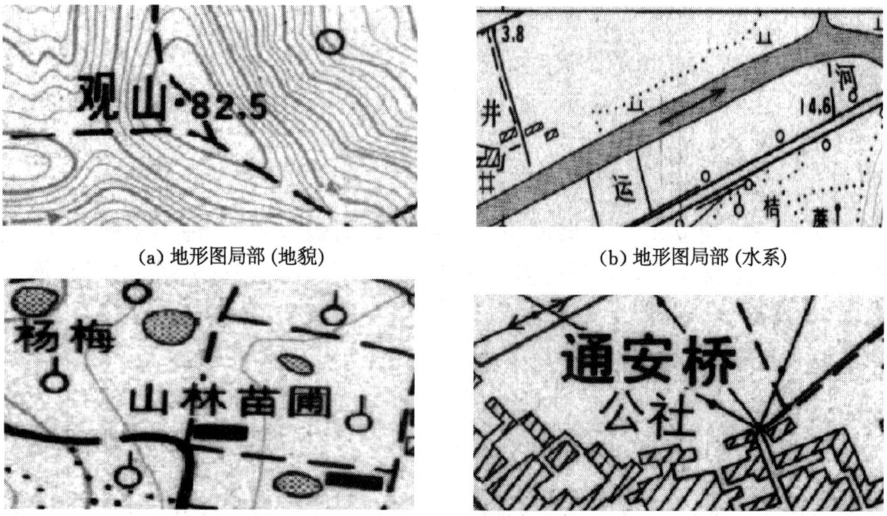

(a) 地形图局部 (地貌)　(b) 地形图局部 (水系)

(c) 地形图局部 (植被)　(d) 地形图局部 (居民地)

图 6-2　地形图

精准获得难以实地观测地区的空间信息。遥感影像还具有多时相、多尺度的特点，以实现对地物动态变化的监测与分析，以及对未来发展的预测与展望。某区域遥感影像如图 6-3 所示。

4. 点云数据

作为一种新兴的三维数据获取手段，激光雷达技术在农业、林业等诸多行业取得了广泛的应用，通过激光雷达技术获得的点云数据是 GIS 的新兴数据源，在各 GIS 平台均有内置点云数据的读取和处理算法，如图 6-4 所示为单木点云数据。

激光雷达获取的点云数据具有如下特点。

(1) 海量数据：激光雷达扫描仪采样频率高，可在几秒内获取成千上万的点。(2) 三维数据：与传统二维影像不同，激光雷达扫描仪获取的是能够反映地物三维坐标信息的数据。

图 6-3　某区域遥感影像

图 6-4　单木点云数据

(3) 数据分布不均匀:一般而言,数据点密度随着离扫描仪的距离增加而下降。(4) 离散分布:激光雷达点云数据是离散分布的。(5) 强度信息:除三维空间坐标信息外,激光雷达扫描仪能够记录激光脚点反射的回波强度信息。

5. 其他数据

除上述数据外,还有很多数据都可以根据具体需求成为 GIS 的数据来源,包括多媒体数据、统计数据,以及一些文本数据等。多媒体数据可以使地理信息的表达更加直观、GIS 表现形式更加生动;各种文本资料数据和不同领域的统计数据是 GIS 属性数据的重要补充,也是 GIS 空间数据的来源之一。

6.2 空间数据采集的基本流程

在 GIS 中，数据采集分为空间数据采集和属性数据采集。空间数据的采集方法包括野外数据采集、地图数字化、摄影测量、遥感、无人机航测、激光雷达扫描等，随着 GIS 的发展和广泛应用，空间数据的采集将更加先进、便捷和精密。

不同的数据源，有不同的采集与处理方法，总体上讲，空间数据的采集与处理包含如图 6-5 所示的基本内容。

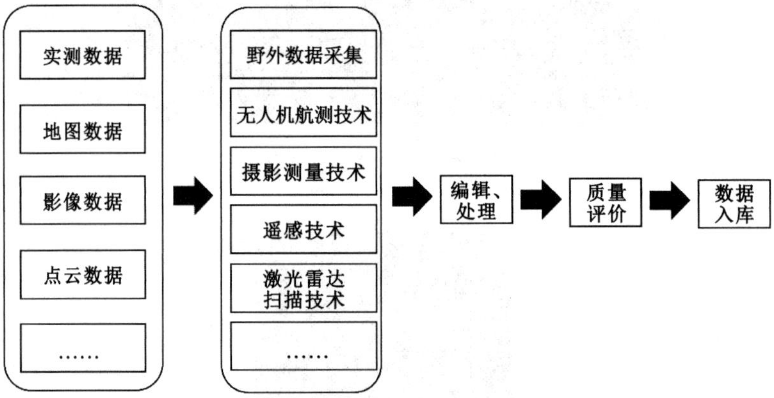

图 6-5　空间数据的采集与处理

1. 数据源的选择

地理信息系统可用的数据源多种多样，在进行选择时，应注意从以下几个方面考虑：① 是否能够满足系统功能的要求。② 所选数据源是否已有使用经验。如果传统的数据源可用的话，就应避免使用其他的陌生数据源。一般情况下，当两种数据源的数据精度差别不大时，宜采用有使用经验的传统数据源。③ 系统成本。因为数据成本占 GIS 工程成本的 70％甚至更多，所以数据源的选择对于系统整体的成本控制来说至关重要。

2. 采集方法的确定

根据所选数据源的特征，选择合适的采集方法。实测数据指各类野外测量所采集的数据，包括一体化野外数字测图、机器人测量、空间定位测量（如 GNSS 测量）等，通过现场实测可以获得大比例尺、高精度的数据，缺点是耗时、耗力，更新难度大。地图数据可以由传统的地形图矢量化的方法以及航测方法获得，其技术难度低，易于实现，但精度有限。影像数据包括航空影像数据和卫星遥感影像两类，对于它们的采集与处理，已有完整的摄影测量、遥感图像处理的理论与方法，该方法可以获取大尺度、信息丰富的数据，但有一定的技术难度。点云数据可以通过激光雷达扫描技术获取，该方法为新兴测量方法，具有高精度、充分体现三维信息等优势，以及广阔的应用前景；其他数据，比如：统计数据和文本数据可以直接用键盘输入，也可以先规范其数据结构，然后批量导入；多媒体数据通常是以数据交换的形式进入系统。

3. 数据的编辑与处理

各种方法所采集的原始空间数据，都不可避免地存在着错误或误差，属性数据在建库输入时，也难免会存在错误，所以对图形数据和属性数据进行一定的检查、编辑是很有必要的。不同系统对图形的数学基础、数据结构等可能会有不同的要求，往往需要进行数学基础、数据结构的转换。此外，根据系统分析功能的要求，需要对数据进行图形拼接、拓扑生成等处理。如果考虑存储空间和系统运行效率，往往需要对数据进行一定程度的压缩。

4. 数据质量控制与评价

无论何种数据源，使用何种方法进行采集，都不可避免地存在各种类型的误差，而且误差会在数据处理及系统的各个环节之中累计和传播。对于数据质量的控制和评价是系统有效运行的重要保障和系统分析结果可靠性的前提条件之一。

5. 数据入库

数据入库就是按照空间数据管理的要求，把采集和处理的成果数据导入到空间数据库中。

6.3　空间数据的采集

数据采集就是运用各种技术手段，通过各种渠道收集数据。服务于地理信息系统的数据采集工作包括两方面内容：空间数据的采集和属性数据的采集。它们在过程上有很多不同，但也有一些具体方法是相通的。空间数据采集的方法主要包括野外数据采集、现有地图数字化、摄影测量、遥感图像处理等。属性数据采集包括采集及采集后的分类和编码，主要是从相关部门的观测或测量数据、各类统计数据、专题调查数据、文献资料数据等渠道获取。此外，遥感图像解译也是获取属性数据的重要渠道。本节将对空间数据的采集做系统介绍。

1. 野外数据采集

野外数据采集是指采用全站仪、测量机器人等测量装备，在野外实地采集空间点位、高程、距离等数据，然后结合测量学原理及相应软件，进行数据处理、平差等计算工作，也包括基于 GNSS 技术的空间信息采集手段。

2. 摄影测量

摄影测量技术曾经在我国基本比例尺地形图生产过程中扮演了重要角色，在我国绝大部分 1∶1 万和 1∶5 万基本比例尺地形图的生产过程中，均使用了摄影测量方法。随着数字摄影测量技术的推广，在 GIS 空间数据采集的过程中，摄影测量也起着越来越重要的作用。

摄影测量包括航空摄影测量（以下简称航测）和地面摄影测量。地面摄影测量一般采用倾斜摄影或交向摄影，航空摄影一般采用垂直摄影。摄影机镜头中心垂直于聚焦平面的连线称为相机的主轴线。航测上规定当主轴线与铅垂线方向的夹角小于 3°时为垂直投影。摄影测量通常采用立体摄影测量方法采集某一地区的空间数据，首先对同一地区同时摄取两张或多张重叠的像片，然后在室内的光学仪器上或计算机内恢复它们的摄影方位，重构地形表面，即把野外的地形表面搬到室内进行观测。航测上对立体覆盖的要求是当飞机沿一条航线飞行时相机拍摄的任意相邻两张像片的重叠度（航向重叠度）不少于 55％～65％，在相邻航线上的两张相邻像片的旁向重叠度应保持在 30％。

数字摄影测量是摄影测量发展的全新阶段，与传统摄影测量不同的是，数字摄影测量所处理的原始影像是数字影像。数字摄影测量继承立体摄影测量和解析摄影测量的原理，同样需要内定向、相对定向和绝对定向，不同的是数字摄影测量直接在计算机内建立立体模型。由于数字摄影测量的影像已经完全实现了数字化，且数据处理在计算机内进行，所以可以加入许多人工智能的算法，使它进行自动内定向、自动相对定向、半自动绝对定向。不仅如此，还可以使它进行自动相关、识别左右像片的同名点、自动获取数字高程模型，进而生成数字正射影像。还可以加入某些模式识别的功能，以自动识别和提取数字影像上的地物目标。

3. 遥感

遥感影像的种类繁多，应用范围广泛，在许多研究领域都起着重要作用。遥感影像具有信息丰富、精度高、受限条件少等特点，因此其成为地理信息系统中不可或缺的一部分，同时，遥感图像处理也成为一种获取和更新空间数据的强有力手段，顺应了遥感与 GIS 的一体化集成的发展趋势。

遥感图像处理步骤如下。

(1) 观测数据的输入：采集的数据包括模拟数据和数字数据两种，为了把像片等模拟数据输入到处理系统中，必须用胶片扫描仪等进行 A/D(模数转换)变换。对数字数据来说，因为数据多记录在特殊的数字记录器[HDDT(高密度数字磁带)等]中，所以必须将其转换到一般的数字计算机都可以读出的 CCT(computer compatible tape，计算机兼容磁带)等通用载体上。

(2) 再生、校正处理：对于进入到处理系统中的观测数据，首先进行辐射量失真及几何畸变的校正，对于 SAR(合成孔径雷达)的原始数据进行图像重建；其次，按照处理目的进行变换、分类，或者变换与分类结合处理。

① 变换处理：变换处理意味着从某一空间投影到另一空间，通常在这一过程中，观测数据所含的一部分信息会得到增强。因此，变换处理的结果多为增强的图像。

② 分类处理：分类是以特征空间的分割为中心的处理，最终要确定图像数据与类别之间的对应关系。因此，分类处理的结果多为专题图的形式。

(3) 处理结果的输出：处理结果可分为两种情况，一种是经 D/A(数模变换)变换后作为模拟数据输出到显示装置及胶片上；另一种是作为地理信息系统等其他处理系统的输入数据而以数字数据输出。

4. 无人机航测

无人机航测技术主要使用无人机进行测量，通过无人机搭载影像传感设备以及进行飞行控制，能够快速获取作业区域内的地物信息，然后可以利用计算机进行数据分析与处理，以获取所需的数字产品。无人机航测的出现弥补了传统航空摄影测量的不足，满足了研究人员对数据准确性与实效性的要求。其同时具有高精度、低成本、操作简便且不受云层干扰等特点，因此能够快速精准地获取小区域和飞行困难地区的高分辨率影像。随着无人机技术的发展，无人机航测广泛应用于各个领域，如国土遥感测绘、环境监测、数字城市建设、应急救灾等。

5. 激光雷达

激光雷达是依据反射的时间来进行测算数据的一种现代化的扫描设备。它通过测定传感器发出的激光在传感器与目标物体之间的传播距离，分析目标地物表面的反射能量大小以及反射波谱的幅度、频率和相位等信息，进行目标定位信息的精确解算，从而呈现目标地物精确的三维结构信息。激光雷达由激光发射器、信息接收器及信息处理三部分组成。同时激光雷达技术也是一种多平台的主动探测技术，常常与合成孔径雷达技术、光谱成像技术共同应用在实际生活中，尤其在城市的数字化中表现突出。激光雷达技术之所以应用如此广泛，主要是因为其在获取地表三维数据时拥有速度快、效率高、抗干扰能力强、操作便捷等一系列优点，这也使其成为空间数据采集的有效工具。激光雷达技术的兴起，对很多领域都有着重要意义。

6.4　属性数据的采集

属性数据即空间实体的特征数据，一般包括名称、等级、数量、代码等多种形式。属性数据的内容有时直接记录在栅格或矢量数据文件中，有时则单独输入数据库存储为属性文件，通过关键码与图形数据相联系。

属性数据一般采用键盘输入。输入的方式有两种：一种是对照图形直接输入；另一种是预先建立属性表输入属性，或从其他统计数据库中导入属性，然后根据关键字与图形数据自动连接。

（1）属性数据的来源

《资源与环境信息系统国家规范》在“专业数据分类和数据项目建议总表”中，将数据分为社会环境、自然环境和资源与能源 3 大类共 14 小项，并规定了每项数据的内容及基本数据来源，具体如下。

① 社会环境数据

a. 城市与人口。

b. 交通网。

c. 行政区划。

d. 地名。

e. 文化和通信设施。

这几类数据可从人口普查办公室，外交部，民政部，自然资源部，以及林业、文化、教育、卫生、邮政等相关部门获取。

② 自然环境数据

a. 地形数据。

b. 海岸及海域数据。

c. 水系及流域数据。

d. 基础地质数据。

这些数据可以从自然资源部，国家海洋局，水利部以及地质、矿产、地震、石油等相关部门和机构获取。

③ 资源与环境数据

a. 土地资源相关数据。

b. 气候和水热资源相关数据。

c. 生物资源相关数据。

d. 矿产资源相关数据

e. 海洋资源相关数据。

这几类数据可从中国科学院，自然资源部及农、林、气象、水电、海洋等相关部门获取。

(2) 属性数据的分类

属性数据的分类，指的是依据系统功能和国家规范、标准，将具有共同属性或特征的事物或现象归并在一起，把不同属性的事物或现象分开的过程。目的是在逻辑上将空间数据组织为不同的信息层，为数据的采集、存储、查询和共享服务。

我国《基础地理信息要素分类与代码》(GB/T 13923—2022)将地球表面的自然和社会基础信息分为 9 个大类，分别为定位基础、水系、居民地及设施、交通、管线、境界与政区、地貌、土质与植被、地名。中类是在上述各大类的基础上进行划分的，共 48 类。

(3) 属性数据的编码

属性数据的编码是指确定属性数据的代码的方法和过程。代码是一个或一组有序的易于被计算机或人识别与处理的符号，是计算机鉴别和查找信息的主要依据。编码的直接产物就是代码，而分类分级则是编码的基础。

① 属性数据编码一般要基于以下六个原则：

a. 编码的系统性和科学性；

b. 编码的体系一致性；

c. 编码的稳定性；

d. 编码的完整性；

e. 编码的可扩展性；

f. 编码的通用性。

② 编码的一般流程如下：

a. 列出全部制图对象清单；

b. 制定对象分类、分级原则和指标，将制图对象进行分类、分级；

c. 拟定分类代码系统；

d. 设定代码及其格式，设定代码使用的字符和数字、码位长度、码位分配等；

e. 建立代码和编码对象的对照表，这是编码最终成果档案，是数据输入计算机进行编码的依据。

③ 属性的科学分类体系无疑是 GIS 中属性编码的基础。目前，较为常用的编码方法有以下两种。

a. 层次分类编码法是按照分类对象的从属和层次关系为排列顺序的一种编码方法。它的优点是能明确表示出分类对象的类别，代码结构有严格的隶属关系。

b. 多源分类编码法又称独立分类编码法，是指对于一个特定的分类目标，根据诸多不同的分类依据分别进行编码，各位数字代码之间并没有隶属关系。

6.5 空间数据处理

采集完成后的空间数据，属于一手的原始资料，不可避免地存在各种问题，这些数据在经过一系列处理和标准化后，才能够满足行业需求。这些处理包含基本的矢量数据编辑和拓扑关系的建立、图幅接边、质量检查等系列工作。

6.5.1 矢量数据编辑

在对采集回来的矢量数据进行编辑之前，需要对数据进行必要的检查，包括空间实体的完整性，图形的定位准确性和属性数据的准确性、规范性和一致性等。矢量数据编辑是数据处理的主要环节，并贯穿于整个数据采集与处理过程，数据质量的好坏直接影响着空间分析的正确与否，以及应用价值的高低。

矢量数据的编辑包括图形数据的编辑和属性数据的编辑两部分。

(1) 图形数据编辑

在空间数据采集过程中，人为因素是造成图形数据错误的主要原因，尤其是对于矢量化后的数据，或者经过某些处理后的中间结果。对于图形遗漏和定位错误问题，可以采用目视检查、叠合检查、逻辑检查等室内检查法或野外检查法。图形本身的常见错误类型主要有伪结点、悬挂结点、微小多边形或不正规的多边形等，具体描述见表 6-1。

表 6-1　图形数据的常见错误类型

错误类型	错误说明	错误示意图
伪结点	当一条线没有一次录入完毕时，就会产生伪结点。伪结点会使一条完整的线变成两段	
悬挂结点	当一个结点只与一条线相连接时，称为悬挂结点。主要情形包括：过头和不及、多边形不闭合、结点不重合	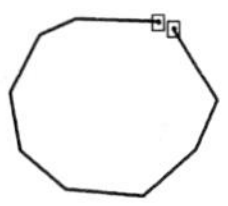
微小多边形	微小多边形也称条带多边形，前后两次录入同一条线的位置不可能完全一致，此时就会产生碎屑多边形，即微小多边形，它是由于重复录入所引起的。另外，当用不同比例尺的地图进行数据更新时也可能产生微小多边形	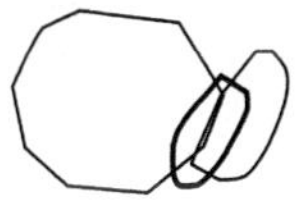
不正规的多边形	在输入线的过程中，点的次序倒置或者位置不准，会产生不正规的多边形。在进行拓扑生成时，同样会产生碎屑多边形	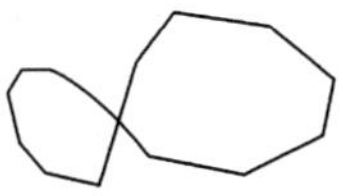

对于检查出来的图形错误，可以通过 GIS 软件的编辑功能来实现改正。

(2) 属性数据编辑

属性数据的检查与编辑，主要包括：属性数据与空间数据是否正确关联；属性数据标识码是否唯一，不含空值；属性数据是否被赋予正确数值，数值是否超过其取值范围等。

6.5.2 矢量数据拓扑关系的建立

在图形基本编辑完毕后，需要对图形要素建立正确的拓扑关系。目前，大多数 GIS 软件都提供了完善的拓扑关系生成功能。正如拓扑的定义所描述的，在建立拓扑关系时只需要关注实体之间的连接、相邻关系，而结点的位置、弧段的具体形状等非拓扑属性则不影响拓扑的建立过程。

拓扑关系的建立方法一般有两种。

1. 手工建立拓扑关系

手工建立拓扑关系的方法基于人机交互，操作人员通过鼠标或键盘，在屏幕上依次指出组成多边形的各个弧段、一个多边形是否包含另外一个多边形、组成一条道路的所有线段等。

2. 自动建立拓扑关系

自动建立拓扑关系是指依赖地理信息系统软件提供的拓扑关系自动建立，对入库的数据进行拓扑错误检查，并将检查的结果提供给操作员。另外，可提供拓扑纠错的功能，针对出现的拓扑关系错误之处，提示是否要纠正等。

由于需要自动进行拓扑修正，通常在软件中的实现方法是设置一个适当的“捕捉距离”，当结点间或者结点与线之间的距离小于此捕捉距离时，即自动连接。

以上两种建立拓扑关系的方法各有优势和不足。前者操作烦琐，需要大量的工作，效率低下，但对原始数据的要求不严格，修改时不必重复计算；后者拓扑关系的建立速度快，效率高，但对原始数据的要求较为严格，即弧段结点匹配要好。

多数地理信息系统软件都提供拓扑关系的建立和检查功能。如图 6-6 所示为 ArcGIS 软件提供的多边形的拓扑检查规则。

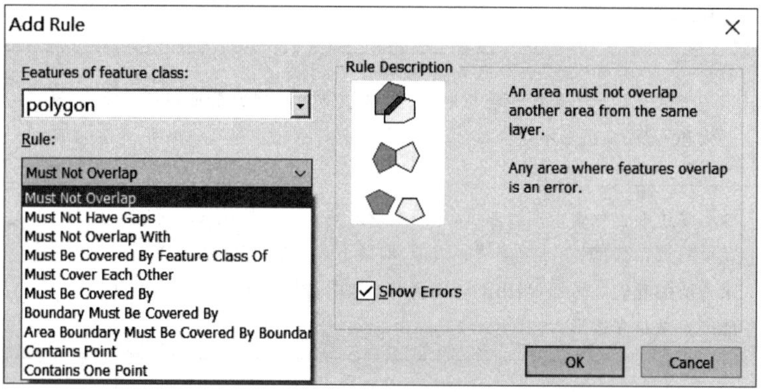

图 6-6　ArcGIS 软件中多边形的拓扑检查规则

6.5.3　图幅接边

在 GIS 中，为了方便编辑、查询、分析和使用地图，需要对地图进行分幅。同时在涉及具体应用时需要进行相邻图幅的接边工作。图幅拼接是空间数据处理的重要环节，在相邻图幅的边缘部分，原图本身的数字化误差，会使得同一实体的线段或弧段的坐标数据不能相互衔接，或是由于坐标系统、编码方式等不统一，需要进行图幅数据边缘匹配处理。在所有部分都输入完毕并进行拼接时，常常会有边界不一致的情况，此时便需要进行边缘匹配处理。边缘匹配处理，类似悬挂结点处理，可以由计算机自动完成，或者辅助以手工半自动完成。

如图 6-7 所示为相邻图幅边缘的线状要素和面状要素不一致的现象。对于边界不一致的现象，有两种情况，可分为几何裂缝和逻辑裂缝。图 6-7 属于几何裂缝，几何裂缝指的是由数据文件边界分开的一个地物的两部分不能精确地衔接。几何裂缝的处理方法为几何接边，几何接边可以分为人工接边和自动接边两种方法。

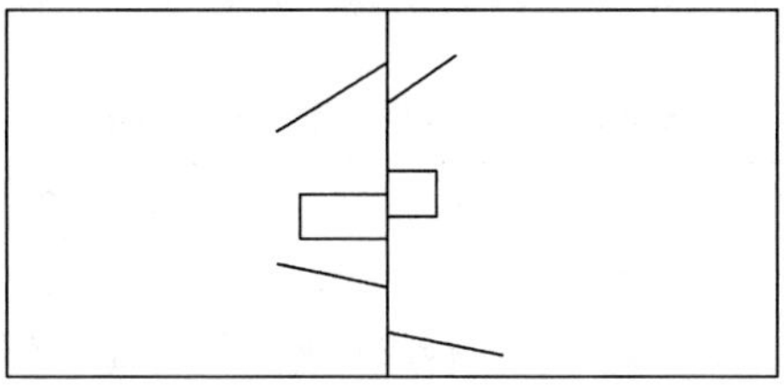

图 6-7　线要素和面要素的几何裂缝

如图 6-8 所示为线状与面状要素接边前后的效果。接边需要保证形状正确，突变最少。

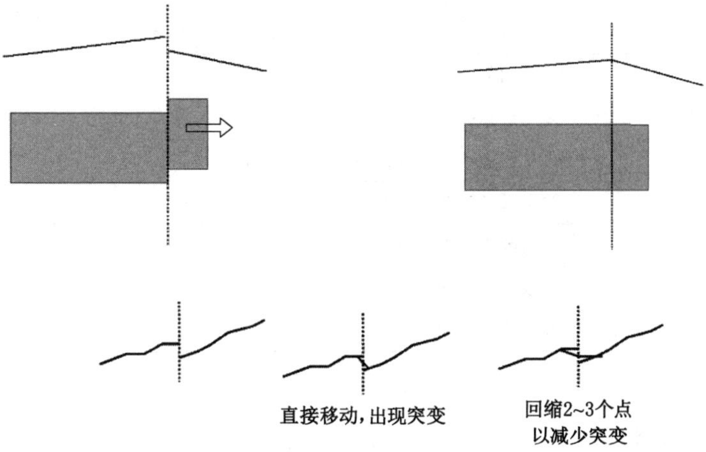

图 6-8　几何裂缝的接边过程示例

逻辑裂缝是指同一地物出现不同地物编码或不同的属性信息，如等高线高程等。逻辑裂缝的处理方法为逻辑接边，逻辑接边的过程包括：首先检查同一地物在相邻图幅的地物编码和属性值是否一致，若不一致，则进行人工编辑；然后将同一地物在相邻图幅的空间数据在逻辑上连在一起。

6.6　空间数据质量控制

空间数据是 GIS 的重要组成部分，空间数据质量决定着数据的可靠性，关系着空间分析的准确性，也在一定程度上影响着地理信息系统的适用性。本小节主要论述空间数据质量控制的相关问题。

6.6.1　数据质量误差来源

空间数据质量问题实际上是伴随着数据的采集、处理和应用过程而产生并表现出来的。根据这一过程，可以把空间数据质量问题的产生划分为三个阶段：第一个阶段是实地空间数据的测量、采集和制图；第二个阶段是空间数据库的建库，包括数字化、数据录入和数据转换；第三个阶段是空间数据的操作、处理、分析、输出和应用。每个阶段都包含前一阶段所带来的原有误差，并增加了本阶段所引入的新的误差(见表 6-2)。

表 6-2 空间数据的部分误差来源

过程	误差来源
数据采集	野外测量误差：仪器误差、记录误差
	遥感数据误差：辐射和几何纠正误差、信息提取误差
	地图数据误差：原始数据误差及坐标转换、制图综合及印刷等误差
数据输入	数字化误差：仪器误差、操作误差
	不同系统格式转换误差：栅格-矢量互换、三角网-等值线互换等误差
数据存储	数值精度不够
	空间精度不够：格网或图像太大、地区最小制图单元太大
数据处理	分类间隔不合理
	多层数据叠加引起的误差传播：插值误差、多源数据综合分析误差
	比例尺太小引起的误差
数据输出	输出设备不精确引起的误差
	输出的媒介不稳定造成的误差
数据使用	对数据所包含信息的误解
	数据信息使用不当

6.6.2 数据质量概念

为了更好地了解数据质量的评价和控制，首先介绍一下与数据质量相关的概念。

(1) 误差：测量值与真值之间的差值。

(2) 准确度：测量值与真值之间的接近程度。

(3) 偏差：与误差不同，偏差基于一个面向全体测量值的统计模型，通常以平均误差来描述。

(4) 精密度：指在相同条件下，多次测量所得数值的一致程度。它可以反映测量结果中随机误差的影响程度。

(5) 不确定性：指对真值的认知或肯定的程度，是更广泛意义上的误差，包含系统误差、偶然误差、粗差、可度量和不可度量误差、数据的不完整性、概念的模糊性等。

6.6.3 数据质量评价

对于待评价的数据，我们首先需要对地理数据的来源、内容和处理过程等做出准确、全面和详尽的说明，然后对数据精度和各种逻辑进行分析。主要包括以下评价内容。

(1) 位置精度：是指在数据集合中实体的地理位置与其真实的空间位置之间的差别。包括数学基础、平面精度、高程精度等，用于描述几何数据的质量。

(2) 属性精度:是指要素分类码与代码的正确性、要素属性值的正确性、属性项类型的完备性、数据分层的正确及完整性和注记的正确性,是反映属性数据质量的指标。

(3) 逻辑一致性:用于描述特征间逻辑关系表达的可靠性,是指数据元素之间是否有良好的逻辑关系。这种逻辑关系可能是特征的连续性、层次性或具有其他的逻辑结构。逻辑一致性包括拓扑关系的正确性、多边形闭合精度和结点匹配精度等。

(4) 完整性:是指同一准确度和精度的数据在特定空间范围内完整的程度。完整性包括数据分类的完备性、实体类型的完备性、属性数据的完备性、注记的完整性等。

(5) 现势性:它反映空间数据实体的时间特征,包括数据的采集时间和更新时间。

(6) 表达形式的合理性:主要指数据抽象、数据表达与真实地理世界的吻合性,包括空间特征、专题特征和时间特征表达的合理性。

空间数据质量是众多影响因素共同作用的结果,因此,空间质量评价模型的建立应在充分考虑这些因素后确立其质量元素。评价方法分为直接评价和间接评价。直接评价方法是对数据集通过全面检测或抽样检测方式进行评价的方法,又称验收度量。间接评价方法是对数据的来源和质量、生产方法等间接信息进行评价的方法,又称预估度量。这两种方法的本质区别是面向的对象不同,直接评价方法面对的是生产出的数据集,而间接评价方法面对的是一些间接信息,其只能通过误差传播的原理,根据间接信息估算最终成品数据集的质量。

(1) 直接评价法分为内部和外部两种。内部直接评价法要求对所有数据仅在其内部对数据集进行评价。例如,在属于拓扑结构的数据集中,为边界闭合的拓扑一致性做的逻辑一致性测试所需要的所有信息。外部直接评价法要求参考外部数据对数据集进行测试。例如,对数据集中的道路名称做完整性测试时需要另外的道路名称的原始性资料。

(2) 间接评价法是一种基于外部知识的数据集质量评价方法。外部知识可包括但不限定数据质量综述元素和其他用来生产数据集的数据集或数据的质量报告。此方法只是推荐性的,仅在直接评价方法不能使用时使用。在下列几种情况下,间接评价法是有效的:使用信息中记录了数据集的用法;数据日志信息中记录了有关数据集生产和历史的信息;用途信息中描述了数据集生产的用途。

思考题

1. 空间数据源有哪些?请分析每种数据源的特点。

2. 阐述空间数据采集的基本流程。

3. 论述不同数据源适宜什么采集方式,以及每种采集方式的特点。

4. 阐述如何评价某数据源的质量,并以工程测量课程为例,分析外业测量数据的误差来源。

5. 对于采集的原始空间数据需要做哪些编辑和处理工作?

第7章 空间数据存储与管理

空间数据最终需要入库存储，空间数据库(spatial database)是存放空间数据的数据库，是某一区域内关于一定地理要素特征的数据集合，包括空间实体的几何图形、拓扑关系、属性数据。在介绍空间数据库之前，我们先来了解一下数据库。

1. 数据库

数据库(database)是指长期存储在计算机内、有组织、可共享、可以表现为多种形式的数据集合。为了直观地理解数据库，可以将数据库与图书馆进行比较，见表7-1。

表7-1 数据库与图书馆的比较

数据库	图书馆
数据	图书
数据模型	书卡编目
数据的物理组织	图书存放规则、书架
数据库管理系统	图书管理员
外存	书库
用户	读者
数据存取	图书阅览

空间数据相比一般数据更需要高效管理，理解这个问题需要从空间数据的复杂性特征说起。

(1) 空间特征

每个空间对象都具有空间坐标，即空间对象隐含了空间分布特征。这意味着在空间数据组织方面，要考虑它的空间分布特征。除了通用性数据库管理系统或者文件系统关键字的索引和辅助关键字索引外，一般都需要建立空间索引。

(2) 非结构化特征

在当前关系数据库管理系统中，数据记录中的每条记录都是定长的(结构化)，数据项不能再分，也不允许嵌套记录。而空间数据不能满足这种定长(结构化)要求。若用一条记录表达一个空间对象，其数据项可能是变长的，例如，一条弧段的坐标，其长度是不可限定的，可能是两对坐标，也可能是成百上千对坐标。此外，一个对象可能包含另外的一个或多个对象，例如，一个多边形，可能含有多条弧段。若一条记录表示一条弧段，则该多边形的记录就可能嵌套多条弧段的记录，故它不满足关系数据模型的结构化要求，从而使得空间图形数据难以直接采用通用的关系数据管理系统。

(3) 空间关系特征

空间数据除了空间坐标隐含了空间分布关系外，还通过拓扑数据结构表达了多种空间关系。这种拓扑数据结构虽然方便了空间数据查询和空间分析，但也给空间数据的一致性和完整性维护增加了复杂度。特别是有些几何对象，没有直接记录空间坐标的信息，如拓扑的面状实体仅记录组成它的弧段标识，因而在进行查找、显示和分析操作时都需要操纵和检索多个数据文件。

（4）多尺度与多态性

不同观察比例尺具有不同的尺度和精度，同一地物在不同情况下也会有形态差异。例如，城市在空间上占据一定的范围，在较大比例尺中可以作为面状空间实体对象，而在较小比例尺中，则可以作为点状空间对象。

（5）分类编码特征

一般情况下，每个空间对象都有一个分类编码，这种分类编码往往是按照国家标准，或者行业标准、地区标准来应用的，每一种地物类型在某个 GIS 中的属性项个数是相同的。因而在许多情况下，一种地物类型对应一个属性数据表文件。当然，如果几种地物类型的属性项相同，也可以多种地物类型共用一个属性数据表文件。

（6）海量数据特征

地理信息系统是一个复杂的综合体，要用数据来描述各种地理要素，尤其是要素的空间位置和空间关系等。其数据量往往很大，远大于一般的通用数据库，可称之为海量数据。一个城市的地理信息系统数据量可达 10 GB 量级，如果考虑影像数据的存储，可能达 100 GB 量级。这样的数据量在城市管理的其他数据库中是很少见的。由此，需要在二维空间上划分块或图幅，在垂直方向上划分层来进行数据组织。

空间数据都是非常复杂的，给人一种千头万绪的感觉，就好比图书馆里的书，如果不加以管理，读者将无从检索和借阅。前面的章节中讲到数据的采集是花了很多人力和物力的，并且这些数据具有以上特征，如果不好好管理，则无异于“一堆垃圾”。

2. 数据库管理系统

数据库是数据管理的高级阶段，是从文件管理系统发展而来的。文件处理系统是数据库管理最普遍的方法，但是有很多缺点：每个应用程序都必须直接访问所使用的数据文件，应用程序完全依赖数据文件的存储结构，当数据文件修改时应用程序也随之修改；另一个问题是数据文件的共享，由于若干用户或应用程序共享一个数据文件，所以如果要修改数据文件必须征得所有用户的认可。由于缺乏集中控制，因此也会带来一系列数据库的安全问题。

数据库管理系统是在文件处理系统的基础上进一步发展的系统。DBMS 在用户应用程序和数据文件之间起到了桥梁作用。DBMS 的最大优点是提供了两者之间的数据独立性，即当应用程序访问数据文件时，不必知道数据文件的物理存储结构。当数据文件的存储结构改变时，不必改变应用程序。

（1）采用标准 DBMS 存储空间数据的主要问题

用标准的 DBMS 来存储空间数据，不如存储表格数据那样好，其主要问题如下。

① 在 GIS 中，空间数据记录是变长的，因为需要存储的坐标点的数目是变化的，而一般数据库都只允许把记录的长度设定为固定长度。不仅如此，在存储和维护空间数据拓扑关系方面，DBMS 也存在着严重的缺陷。因而，一般要对标准的 DBMS 增加附加的软件功能。

② DBMS 一般都难以实现对空间数据的关联、连通、包含、叠加等基本操作。

③ GIS 需要一些复杂的图形功能，一般的 DBMS 不能支持。

④ 地理信息是复杂的，单个地理实体的表达可能需要多个文件、多条记录，或许包括大地网、特征坐标、拓扑关系、空间特征量测值、属性数据的关键字以及非空间专题属性等，一般的 DBMS 也难以支持。

⑤ 具有高度内部联系的 GIS 数据记录需要更复杂的安全性维护系统，为了保证空间数据库的完整性和保护数据文件的完整性，保护系列必须与空间数据一起存储，否则一条记录的改变就会使其他数据文件产生错误。一般的 DBMS 难以保证这些。

(2) GIS 数据管理方法的四种主要类型

① 对不同的应用模型开发独立的数据管理服务，这是一种基于文件管理的处理方法。

② 在商业化的 DBMS 基础上开发附加系统。开发一个附加软件用于存储和管理空间数据以及进行空间分析，使用 DBMS 管理属性数据。

③ 使用现有的 DBMS，通常是以 DBMS 为核心，对系统的功能进行必要扩充，空间数据和属性数据在同一个 DBMS 管理之下。同时需要增加足够数量的软件和功能来提供空间功能和图形显示功能。

④ 重新设计一个具有空间数据、属性数据管理和分析功能的数据库系统。

7.1 数据库模型

在 GIS 属性数据库中，以数据结构方式存储的图形实体或空间对象不仅数量众多，而且数据之间的联系错综复杂。那么，如何在数据结构的基础上组织这些数据呢？正像图书馆管理图书那样，图书馆有大量的藏书(书架上书的排列顺序可以认为是数据结构)，这些书籍如何保存？如何管理？组织得好可方便读者使用，组织得不好将会影响读者使用。对于数据库技术也存在同样的问题，数据组织得好坏会影响系统的效率和用户对数据库的使用。所以数据库数据的组织是数据库技术的一个核心问题。数据库技术在处理数据组织时，是从全局出发，对数据内部的联系和用户要求进行综合平衡来考虑的。在设计数据库全局逻辑结构时现有的数据库管理系统允许使用如下三种方法。

① 层次方法：将数据库数据按层次结构的形式进行组织。

② 网状方法：将数据库数据按“有向图”的结构形式组织。

③ 关系方法：将数据库数据按关系(relation)形式，即一种表结构的形式进行组织。

对应上述三种方法的数据库模型如下。

7.1.1 层次模型

数据的层次模型是以记录类型为结点的有向树或森林，能很好地表达 $1:n$ 的关系。其主要特点如下：

① 每棵树有且仅有一个结点无父结点，此结点称为树的根。

② 树中的其他结点都有且仅有一个父结点。

③ 父子结点之间的联系为一对多($1:n$)的联系。

④ 任何一个给定的记录值，只有当按其路径查看时，才能显出它的全部意义。

在进行插入操作时，如果没有相应的双亲结点值就不能插入子结点值。在进行删除操作时，如果删除双亲结点值，则相应的子结点值也被同时删除。在进行修改操作时，应修改所有相应的记录，以保证数据的一致性。

层次模型的优点：层次清楚，数据存取、检索方便。该模型适用于文献目录、分类、分级数据的组织。

层次模型的缺点：不能表示多对多的联系，结构缺乏灵活性；不能顾及公共点、线数据共享和实体元素间的拓扑关系；需要采用大量的索引文件，实体元素往往重复存储，导致产生大量的冗余数据。

原始多边形数据及其层次模型实体组织示意如图 7-1 和图 7-2 所示。

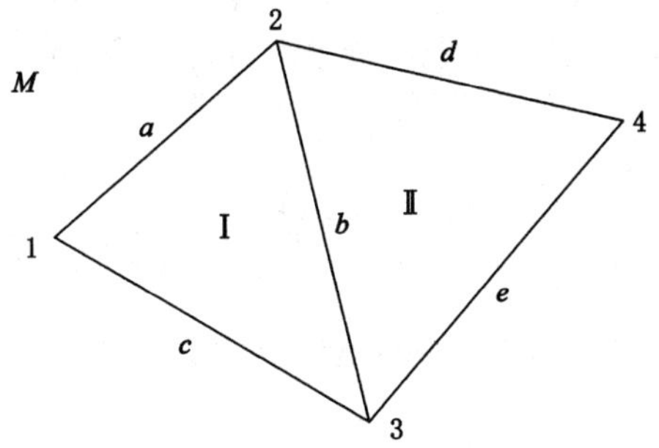

图 7-1　原始多边形数据

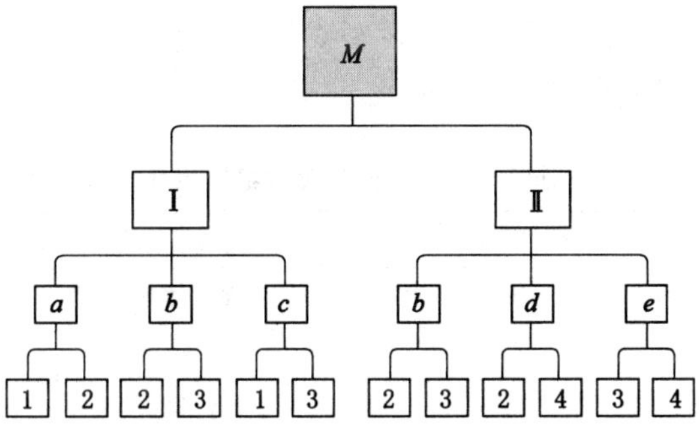

图 7-2　层次模型实体组织示意

7.1.2　网状模型

网状模型与层次模型不同，它是以有向图表示的网状结构，每个结点为一个记录类型。它具有以下几个特点：

① 可以有一个以上的结点没有父结点；

② 至少有一个结点有多于一个的父结点；

③ 结点之间可以有多种联系；

④ 可以存在回路。

在插入数据时，网状模型允许插入尚未确定双亲结点值的子结点值。在删除数据时，网状模型允许只删除双亲结点值。在修改记录时，只需要更新指定记录即可。

网状模型的优点：因其类似拓扑数据模型，可表示相邻的图形特征，从而避免了数据冗余。

网状模型的缺点:网状结构较为复杂,增加了用户查询和定位的困难;需要存储数据间联系的指针,使得数据量增大;数据的修改不方便(指针必须修改),计算量大。

与图 7-1 对应的网状模型实体组织示意如图 7-3 所示。

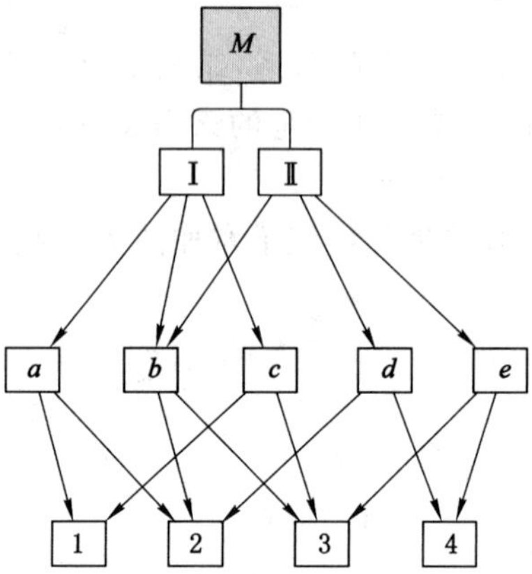

图 7-3 网状模型实体组织示意

7.1.3 关系模型

关系模型是把数据的逻辑结构归结为满足一定条件的二维表格,每个二维表格就是一个关系。关系表由许多同类的实体组成,每个实体对应表中的一行,表中的列表示同一种属性。关系模型实体组织示意如表 7-2 所示。

表 7-2 关系模型实体组织示意

专业名称	教师编号	课程名称	课程编号
测绘工程	231	地理信息系统原理	110812
外国语	745	英语	121456
计算机	658	数据结构	132789

关系模型中的主键必须唯一;行的顺序不影响关系;任意两个记录不能完全相同;表格不能嵌套;每一列中的分量应是同一类型的数据。

关系模型的优点:实体和联系都用关系描述,保证了数据操作语言的一致性;表的概念直观、单一,用户易理解其数学基础:关系代数;对属性数据用通用 RDBMS(关系数据库管理系统)可以很好管理。缺点:由于空间数据的非结构化特征,早期的关系型数据库难以满足空间数据管理的要求。

由于层次模型只能表达 1∶n 的关系,而地理信息系统所处理的空间数据不仅千变万化,而且联系复杂(这反映在共享结点以及点、线、面的拓扑结构上),所以在设计 GIS 系统时很少采用层次模型。

网状模型较为真实地反映了地理空间信息的本质,通过指针便可以解决数据的共享,所以现有的 GIS 系统对图形信息管理的模型与网状模型相似。但在图形目标的关系复杂时,通过指针表达图形关系变得相当复杂,所以在 GIS 系统中,是用目标标识号代替指针来建立目标之间联系的。从这个意义上说，GIS 系统在管理图形数据时所采用的数据模型并不是完全意义上的网状模型，只是借鉴了它的数学含义和逻辑关系的定义而已。

基于关系模型的传统数据库发展最为成熟，是目前数据库管理系统中应用最广泛的数据模型，与它相应的关系数据库管理系统主要用于管理属性信息。但是对于非结构化的空间数据的管理，它又显得力不从心。

7.2　空间数据管理模式

对于矢量数据，其位置数据和属性数据通常是分开组织的。这一特点使得在管理矢量数据时需要同时顾及空间位置数据和属性数据，其中属性数据很适合用关系数据库来管理，空间位置数据则不太适合用关系数据库管理。空间数据管理方式与数据库发展是密不可分的，按照发展的过程，对矢量数据的管理有文件/关系数据库混合管理、全关系管理、对象关系数据库管理等方式。

(1) 文件/关系数据库混合管理模式

文件存储空间数据和其索引，关系数据库则存储相应的属性数据。两者通过标识符 OID(对象标识符)相连接，不能建立真正意义上的空间数据库，特别在数据的安全性、一致性、完整性、并发控制以及数据损坏后的恢复方面缺少基本的功能。这种管理模式也难以表达空间关系，因此其已经逐渐退出历史舞台。

(2) 全关系管理模式

图形数据与属性数据都采用现有的关系型数据库存储，有两种方法：① 按照关系数据库组织数据的基本原则，对变长的几何数据进行关系范式分解，分解成定长记录的数据表进行存储；② 将图形数据的变长部分处理成 BinaryBlock(二进制块)字段(多媒体、可变长文本数据)。

这种模式的优点为：二进制数据块形式省去了大量的关系连接操作，可提高查询速度；加入二进制数据后可用一条记录表示一个实体，便于数据的维护。缺点为：二进制块的读写速度要比定长的属性字段慢得多，特别是涉及对象的嵌套，速度更慢；空间关系的运算费时，拓扑关系查找困难。

(3) 对象关系数据库管理模式

许多 DBMS 软件商在 RDBMS 中进行扩展，使之能直接存储和管理非结构化的空间数据。如 Informix、IBM 和 Oracle 等都推出了空间数据管理的专用模块(如 Oracle-Spatial)，定义了操纵点、线、面、圆、长方形等空间对象的操作函数。该模式解决了空间数据变长记录管理的问题，使数据管理效率得到大大提高，比二进制块的速度提高了许多；但是它仍然没有解决对象的嵌套问题，以及对象的用户自由定义问题。

7.3　空间索引

空间数据库非常庞大，如何从该数据库中快速检索、提取所需的空间数据来满足空间分析、模拟与决策的需要是一个重要的问题。空间索引是依据空间对象的位置和形状或空间对象之间的某种空间关系按一定的顺序排列的一种数据结构。空间索引的性能优劣直接影响空间数据库和地理信息系统的整体性能。

7.3.1 对象范围索引

该索引记录几何对象的最小外包矩形(minimum bounding rectangle,MBR),该几何对象的边必须平行于 X、Y 轴(如图 7-4 所示)。MBR 是对几何对象的一种逼近,而对空间几何对象 MBR 的几何运算,要比原本复杂几何对象的运算要简单得多。这种方法的缺点是没有真正创建空间索引文件。此方法仍需要对整个数据文件的空间对象进行检索,只是某些对象可以直接进行判别,而有些对象仍需要进行复杂计算然后才能判别。虽然该方法仍需要花费大量时间来进行空间检索,但随着计算机处理速度的加快,这种方法在一定程度上能够满足查询检索的效率要求。

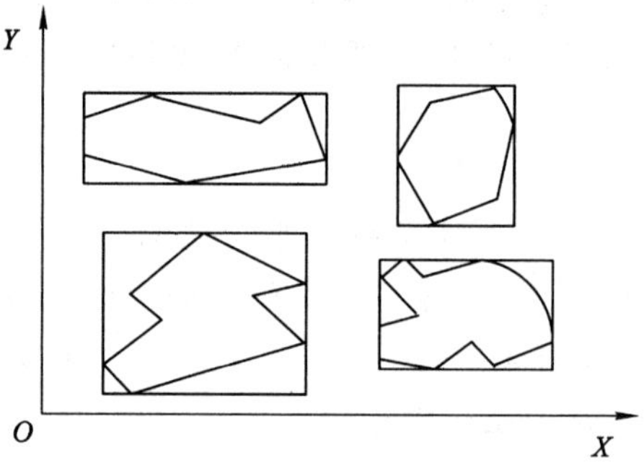

图 7-4 最小外包矩形实例

7.3.2 格网索引

格网型空间索引思路比较简单,容易理解和实现。其基本思想是将研究区域用横竖线条划分成大小相等或不等的格网,记录每一个格网所包含的空间实体。当用户进行空间查询时,首先计算出用户查询对象所在的格网,然后在该格网中快速查询所选空间实体,这样就大大加快了空间索引的查询速度。将覆盖整个研究区的范围按照一定的规则划分成大小相等的格网,然后记录每个格网内所包含的空间实体,为了便于建立空间索引的线性表,将每个格网按 Morton 码或 Peano 码进行编码,建立 Peano 码与空间实体的关系,该关系表就成为格网索引文件。格网索引示例如图 7-5、表 7-3 和表 7-4 所示。

表 7-3 空间索引表

Peano 码	实体
6	A
21	B
23	B
25	B
26	B
28	B
35	B

表 7-3(续)

Peano 码	实体
36	B
37	B
40	B
42	B
51	C
54	C
57	C
60	C

表 7-4　实体索引表

实体	Peano 码
A	6—6
B	21—21
B	23—23
B	25—26
B	28—28
B	35—37
B	40—40
B	42—42
C	51—51
C	54—54
C	57—57
C	60—60

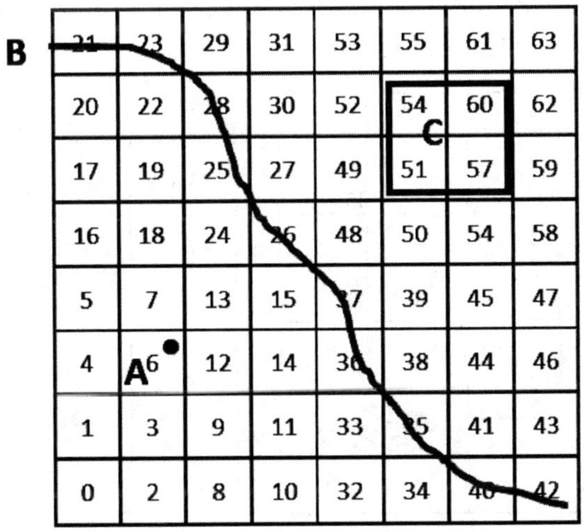

图 7-5　空间实体格网分布图

从上例中可以看到，没有包含空间实体的格网，在索引表中没有出现该编码，即没有该条记录。

7.3.3 四叉树索引

四叉树作为一种有效的数据结构，不仅可以用来对栅格数据进行组织，还可用于建立空间数据的索引。四叉树中的层次四叉树和线性四叉树都可以用于建立空间索引。

在建立层次四叉树索引时，根据所有空间对象覆盖的范围，进行四叉树分割，使每个子块中包含单个实体，然后根据包含每个实体的子块层数或子块大小，建立相应的索引。在四叉树索引中，大区域空间实体更靠近树的根部，小实体位于叶端，以不同的分辨率来描述不同实体的可检索性。层次四叉树索引示意如图 7-6 所示。

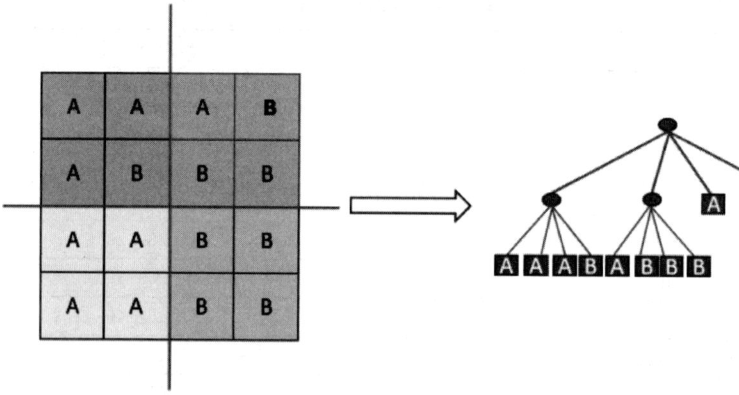

图 7-6　层次四叉树索引示意

线性四叉树采用十进制 Morton 码或 Peano 码来表示四叉树的大小和层数，如图 7-7 所示。在进行空间数据检索和提取时，根据 Peano 码和边长值就可以检索出某一范围内的对象。使用层次四叉树建立空间数据的索引与线性四叉树基本相同，但是它需要记录不同层次结点间的指针，建立索引和维护都较困难。

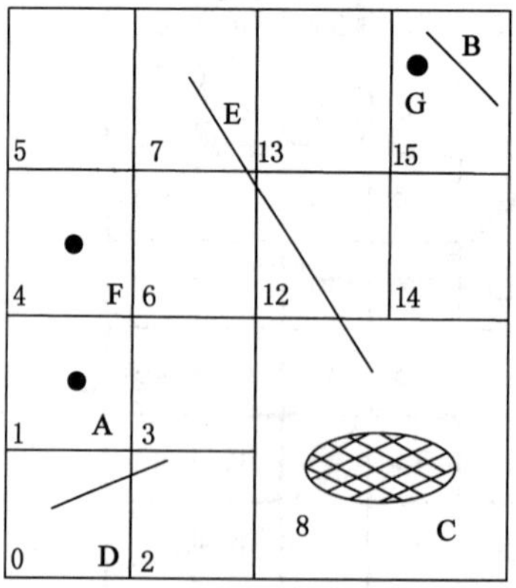

Peano码	边长	实体
0	4	E
0	2	D
1	1	A
4	1	F
8	2	C
15	1	B、G

图 7-7　线性四叉树编码示意

7.4　空间数据的元数据

元数据是描述数据的数据，在地理空间信息中用于描述地理数据集的内容、质量、数据转换的方法以及数据处理信息的说明等，能够促进数据集的高效利用，是实现地理空间信息共享的核心之一。

元数据的主要作用如下。

(1) 帮助数据生产单位有效地维护和管理数据，建立数据文档，并保证即使其主要工作人员离退，也不会失去对数据情况的了解。

(2) 帮助用户了解和分析数据。元数据提供了丰富的引导信息，以及由数据得到的分析、综述和索引等。根据元数据提供的信息，用户可对空间数据库进行浏览、检索、研究、分析，了解数据的基本情况、数据的可用性和获取方法等内容，以便寻求自己所需要的数据。

(3) 空间数据质量控制。不论是统计数据，还是空间数据，都存在数据精度问题，影响空间数据精度的原因主要有两个方面：一是源数据的精度，二是数据加工处理过程中精度质量的控制情况。空间数据质量控制内容包括：① 有准确定义的数据字典，以说明数据的组成、各部分的名称、表征的内容等；② 保证数据逻辑科学地集成，如植被数据库中不同亚类的区域组合成大类区，这要求数据按一定逻辑关系有效地组合；③ 有足够的说明数据来源、数据的加工处理过程、数据释义的信息。通过按一定的组织结构集成到数据库中构成数据库的元数据信息系统，可以实现上述功能。

(4) 在数据集成中的应用：元数据记录了数据格式、空间坐标体系、数据的表达形式、数据类型、数据使用的软硬件环境、数据使用规范、数据标准等信息。这些信息在数据集成的一系列处理中，如数据空间匹配、属性一致化处理、数据交换等方面是必需的，且有利于数据的共享。

(5) 数据存储和功能实现。元数据系统用于数据库的管理，可以实现数据库设计和系统资源利用方面开支的合理分配，避免数据的重复存储，并可以高效查询检索分布式数据库中任何物理存储的数据，减少用户查询数据库及获取数据的时间。

思考题

1. 请分别说明层次模型、网状模型和关系模型的特点，以及它们是否适用于空间数据管理，并给出解释。

2. 空间数据管理模型主要有哪几种模式？每种模式在表达空间数据的时候各有哪些不足？

3. 简述建立空间索引的意义。

4. 论述元数据的作用。

第 8 章　空间数据分析

空间数据的采集、处理、存储等，皆是为空间数据的应用服务，而空间数据分析是地理信息最主要的应用之一，是从空间数据中获取有关地理对象的空间位置、分布、形态、形成和演变等信息的技术，体现了 GIS 应用在不同领域的特色功能。空间分析对地理信息的提取、表达和传输的功能，是 GIS 区别于一般管理信息系统的主要特征。因此，空间分析功能的强弱直接影响着一个应用型 GIS 的强大与否。在具体应用中，GIS 基本空间分析主要包括缓冲区分析、叠置分析和网络分析。基于基本的空间分析，我们可以对具体问题进行更深层次的剖析，形成更加健全的解决方案。

8.1　空间数据查询

空间分析始于空间数据查询和度量，它是空间分析的基础。空间数据查询方式主要分为属性查询(基于属性查图形)、图形查询(基于图形查属性)、空间关系查询。查询内容包括：空间对象的属性、空间位置、空间分布特征、几何特征和空间关系等。

8.1.1　属性查询

属性查询使用的是标准的 SQL(结构化查询语言)语句，遵从 SQL 语句基本语法。基本语句如表 8-1 所示。

表 8-1　SQL 语句基本语法

SELECT	需要显示的属性字段
FROM	属性表
WHERE	条件　or　条件　and　条件
GROUP BY	属性字段
ORDER BY	属性字段

注：GROUP BY 子句设定了查询结果的分组规则，ORDER BY 子句设定了查询结果的排序规则。

如图 8-1 所示，使用 SQL 语句对数据表中属性为“革命老区”的等级进行查找，找到“革命老区”等级为“一类”的区域，并在图中以高亮显示(软件中可见)。

8.1.2　图形查询

图形查询是另一种常用的空间数据查询方式。一般的地理信息系统软件都提供这项功能，用户只需利用光标，用点、线、矩形、圆或其他不规则工具选中感兴趣的地物，就可以

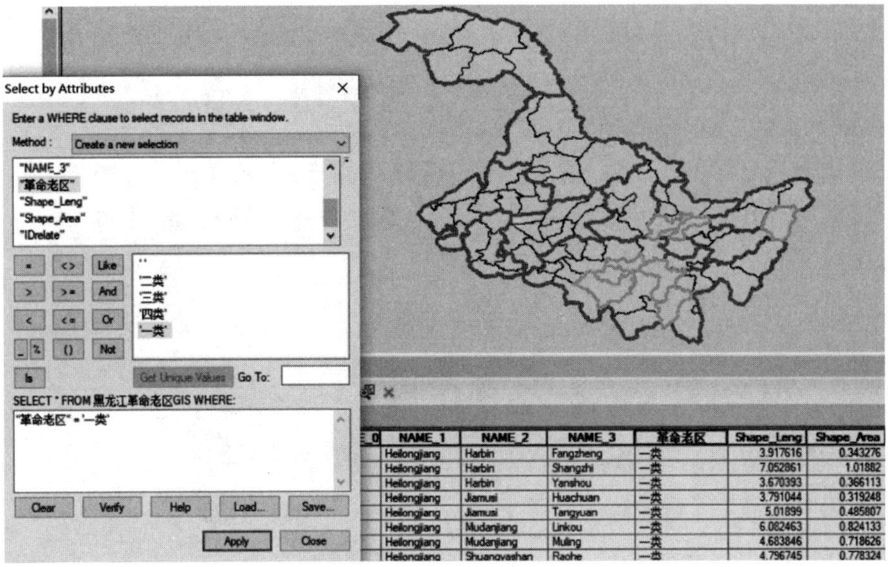

图 8-1　属性查询及结果

得到查询对象的属性、空间位置、空间分布特征以及与其他空间对象的空间关系。

图形查询可分为按点查询和开窗查询。

1. 按点查询

用鼠标点击图上的任意一点，即可选中该点所对应的对象，得到该对象所对应的属性。按点查询及结果如图 8-2 所示。

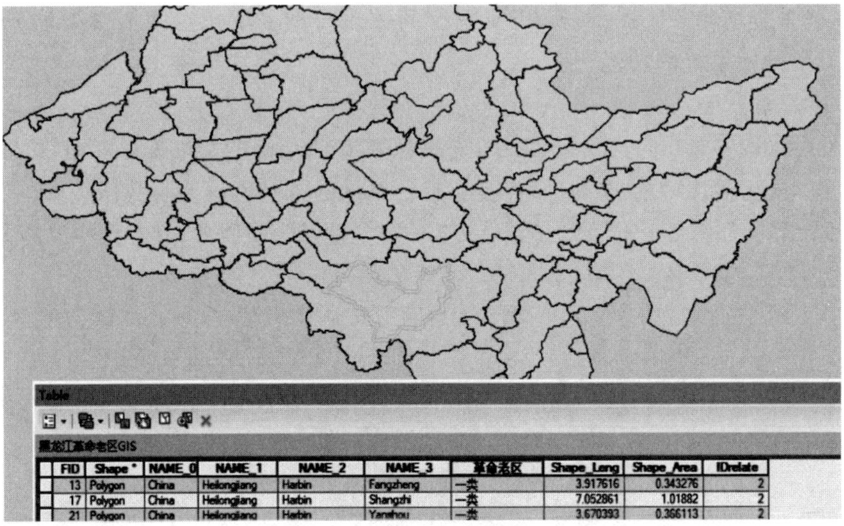

图 8-2　按点查询及结果

2. 开窗查询（按矩形、圆、多边形查询）

开窗查询即给定一个窗口，可以选中该窗口包含或穿过的图形，并得到该对象所对应的属性。开窗查询及结果如图 8-3 所示。

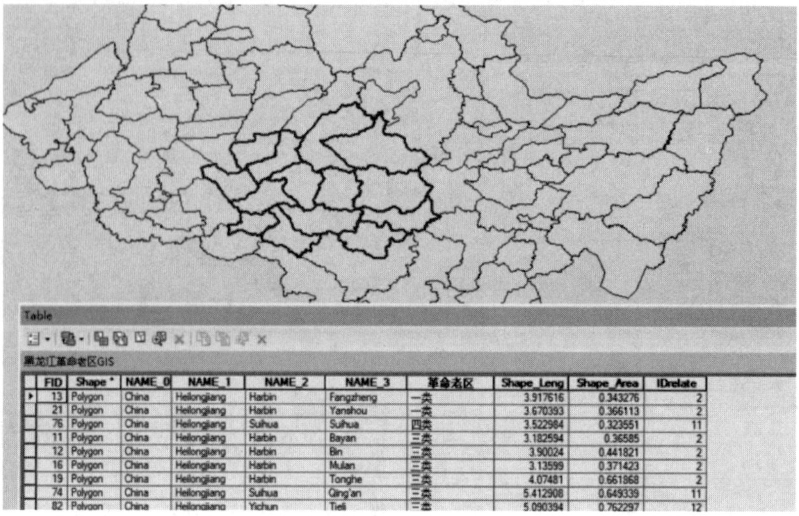

图 8-3　开窗查询及结果

8.1.3　空间关系查询

空间关系查询的应用范围很广，在地理信息系统的数据处理和空间分析中具有非常重要的意义，尤其是在数据的定制查询和探索性分析中能起到很重要的作用。拓扑数据比几何数据具有更强的稳定性，有利于空间要素的查询。在第 4 章讲过，实体之间的空间关系可以分为拓扑关系、方位关系、度量关系。其中基于拓扑关系的空间关系查询包括邻接关系查询、包含关系查询和关联关系查询。通过空间关系查询来定位空间实体是地理信息系统不同于一般数据库系统的功能之一。

1. 邻接关系查询

邻接关系查询主要是同类要素之间的关系查询，如点与点的邻接关系查询、线与线的邻接关系查询、面与面的邻接关系查询，如查找与某省邻接的省（区、市）、与我国接壤的邻国、松花江流经的城市等。如图 8-4 所示为查询与某县城邻接的城市有哪些，并在图中以高亮显示。

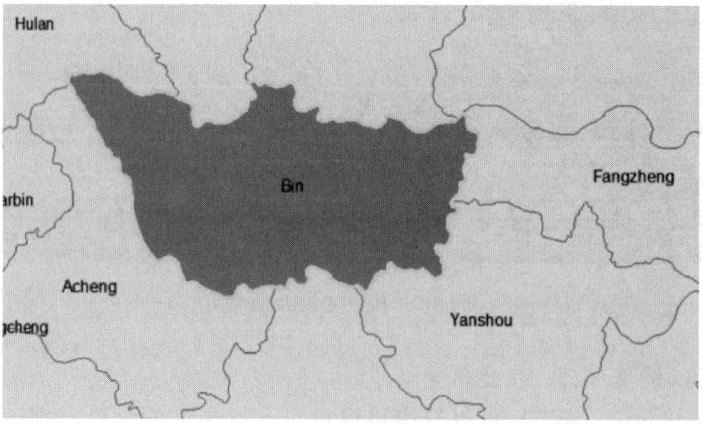

图 8-4　查询与面邻接的面状要素

2. 包含关系查询

包含关系查询主要是查询面状要素包含的点状要素、线状要素或面状要素。例如，查询某省市辖区内有哪些革命老区、哪些抗联遗址分布，森林中有哪些小山等。如图 8-5 所示为查询某图斑内包含的点状要素，并在图中以高亮显示。

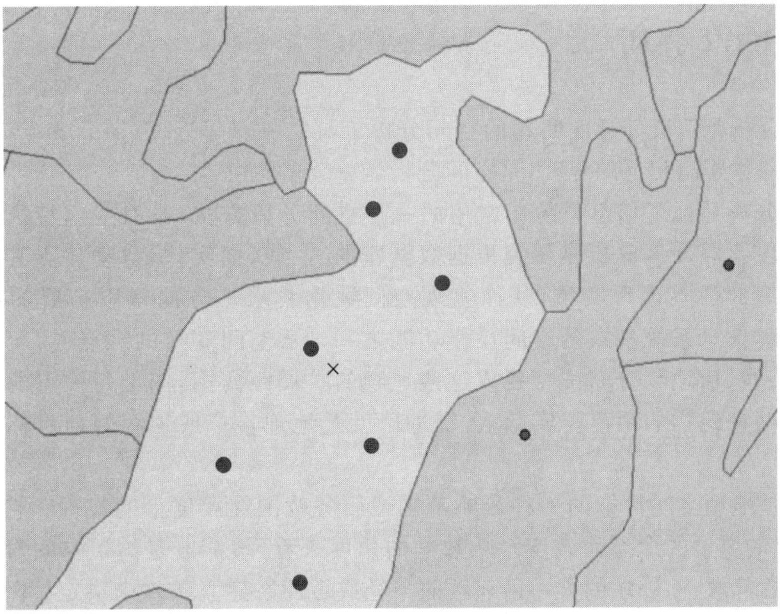

图 8-5　查询面状要素包含的点状要素

3. 关联关系查询

关联关系查询是对空间不同元素之间拓扑关系的查询，可以查询与某点状地物相关联的线状地物的相关信息，也可以查询与线状地物相关联的面状地物的相关信息，比如查询与规划中的城铁相交的河流有哪些。如图 8-6 所示为查询与哈佳高速关联的区域有哪些，并在图中以高亮显示。

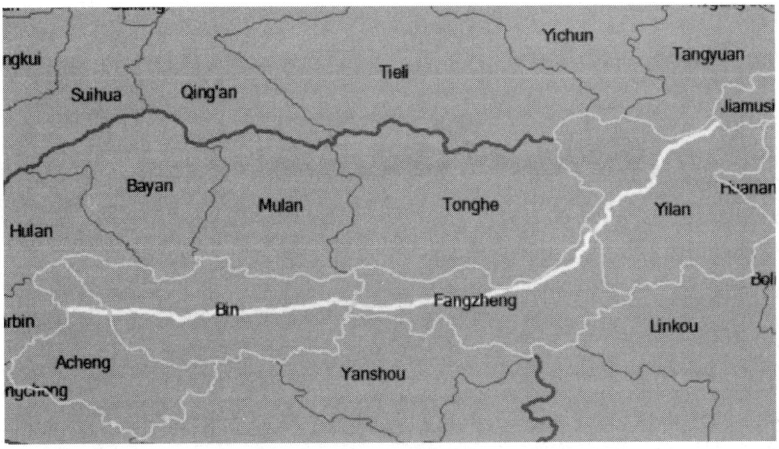

图 8-6　查询与线状要素关联的面状要素

以上查询在解决复杂 GIS 工程实际问题时往往会综合运用，如工厂选址问题，在备选的方案中，要求选择① 距城市公路的距离小于 500 m；② 与居民点的距离大于 2 000 m；③ 坡度小于 3°的地方。解决这个问题，就要同时利用空间关系查询(条件①和②)与属性查询(条件③)。

8.2 缓冲区分析

缓冲区分析是解决邻近度问题的空间分析工具之一。邻近度(proximity)描述了地理空间中两个地物距离相近的程度，是空间分析的一个重要内容。

缓冲区分析是地理信息系统中常用的一种空间分析方法，是对空间特征进行度量的一种重要手段。缓冲区分析是研究根据数据库的点、线、面实体，自动建立其周围一定宽度范围内的缓冲区多边形实体，从而实现空间数据在水平方向得以扩展的信息分析方法。它是地理信息系统基本的空间操作功能之一。从空间变换的观点看，缓冲区分析模型就是将点、线、面地物分布图变换成这些地物的扩展距离图，图上每一点的值代表该点距离最近的某种地物的距离。实际上，缓冲区就是地理目标或工程规划目标的一种影响范围。

缓冲区是地理空间目标的一种影响范围或服务范围在尺度上的表现。它是一种因变量，随所研究的要素的形态而改变。从数学的角度来看，缓冲区是给定空间对象或集合后获得的它们的邻域，而邻域的大小由邻域的半径或缓冲区建立条件来决定。因此对于一个给定的对象 A，它的缓冲区可以定义为：

$$P = \{x \mid d(x,A) \leqslant r\}$$

式中，d 一般为欧式距离；r 为邻域半径或缓冲区建立的条件。

缓冲区分析包括缓冲区的建立及区域分析，它首先是对要素根据缓冲的条件建立缓冲区，然后将这个缓冲区图层与其他图层进行诸如叠置分析、网络分析、服务设施查找等其他分析操作，得到所需要的结果，以便为某项分析或决策提供依据。缓冲区分析也称缓冲区操作，但有时也将缓冲区的建立称为缓冲区操作，而建立后采用的分析过程称为缓冲区分析。

8.2.1 矢量缓冲区

(1) 点缓冲区

点缓冲区是选择单个点、一组点、一类点或一层点状要素，按照给定的缓冲条件建立缓冲区的结果。通常是以点状要素为圆心，以要求的缓冲区距离大小为半径绘圆。点缓冲区可以是单个点缓冲区[图 8-7(a)]，也可以是对多个点建立相同距离的缓冲区[图 8-7(b)]，还可以将属性字段中具体的属性值作为距离建立缓冲区[图 8-7(c)]，或者是形成缓冲环[图 8-7(d)]。

(2) 线缓冲区

线缓冲区是以线状要素的边线为参考线，按照给定的缓冲条件建立缓冲区的结果。线缓冲区可以是单个线缓冲区[图 8-8(a)]，也可以是对多个线建立相同距离的缓冲区[图 8-8(b)]，还可以将属性字段中具体的属性值作为距离建立缓冲区[图 8-8(c)]，或者是形成单侧缓冲区[图 8-8(d)]。

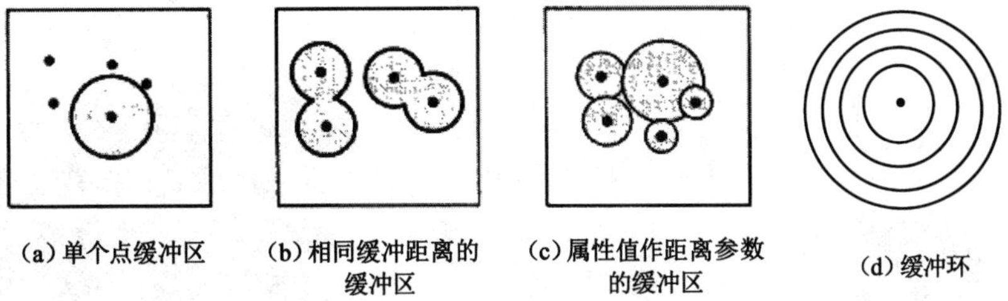

图 8-7　点缓冲区

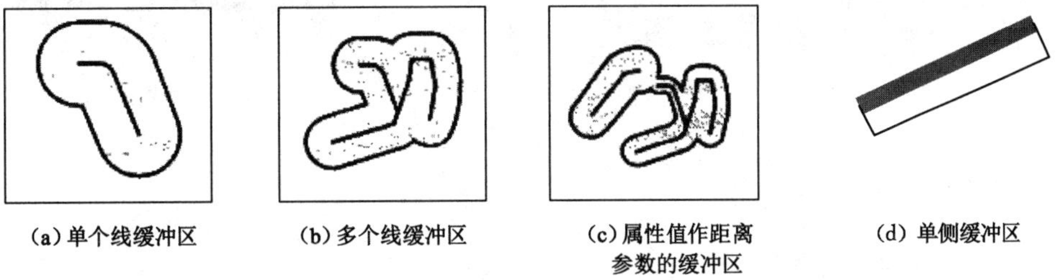

图 8-8　线缓冲区

(3) 面缓冲区

面缓冲区是选择一类或一组面状要素,按照给定的缓冲条件建立缓冲区的结果。面缓冲区由于自身缓冲区建立的原因,有内缓冲区和外缓冲区之分。外缓冲区是仅在面状地物的外围形成缓冲区[图 8-9(a)],内缓冲区则在面状地物的内侧形成缓冲区[图 8-9(b)],同时也可以在面状地物的边界两侧都形成缓冲区[图 8-9(c)]。

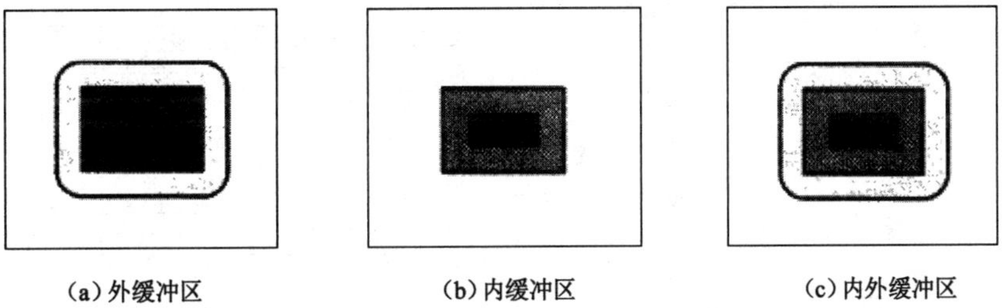

图 8-9　面缓冲区

8.2.2　栅格缓冲区

缓冲区分析的本质是解决邻近度问题,属于距离分析。距离在空间分析中是一个非常广义的概念,它不再是单一地代表两点间的直线长度,而是被赋予了更加丰富的内容。它可以是欧式距离,还可以是函数距离,即被定义为一种描述两点间距离的函数关系,如时间、摩擦、消耗等。以距离栅格函数形式表达的缓冲区,即为栅格缓冲区。

距离量算的计算规则如图 8-10 所示。

如图 8-11 所示,以欧式距离分析为例,通过直线距离函数,便可以计算每个栅格与最近源之间的欧式距离,并可以按距离远近分级表达。

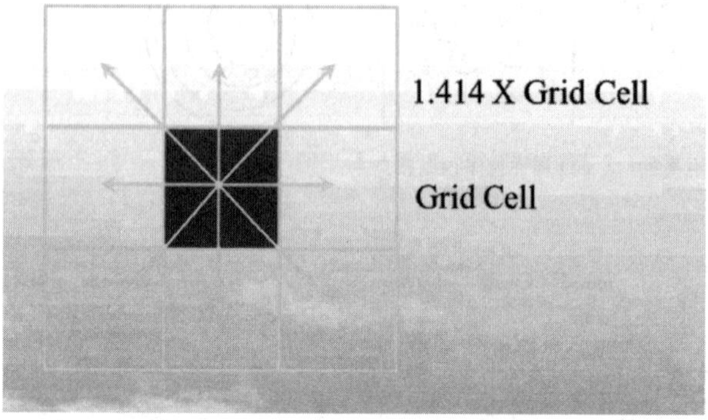

图 8-10　距离量算的计算规则

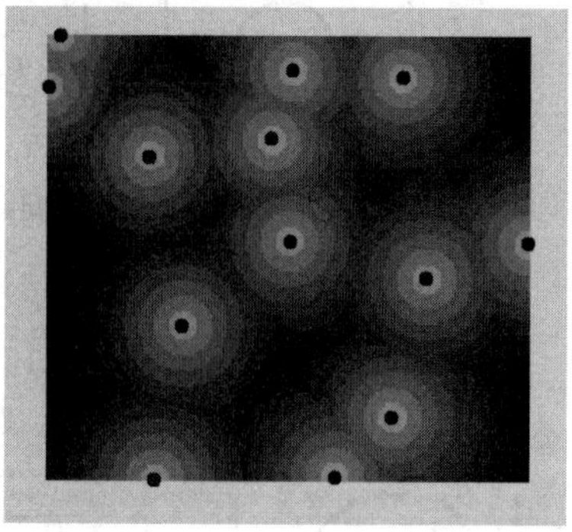

图 8-11　栅格缓冲区

8.2.3　缓冲区分析的应用

缓冲区分析的应用非常广泛,比如,高考考点一定范围内不能有汽车鸣笛,以防影响考生考试;规划的道路一定范围内不能有古建筑,以免对古建筑造成破坏;明确道路拆迁涉及的范围包括哪些居民点,以便对拆迁补偿款进行估算;找出地铁沿线 500 m 内的楼盘,某单位周围 2 000 m 内的银行。此外,工厂和商业建筑的选址问题也涉及缓冲区分析。

但是缓冲区分析在解决实际问题的时候,往往不单独应用,可以结合空间查询、统计分析、叠置分析或者网络分析等得出缓冲区域,从而形成分析结论,如图 8-12 所示。

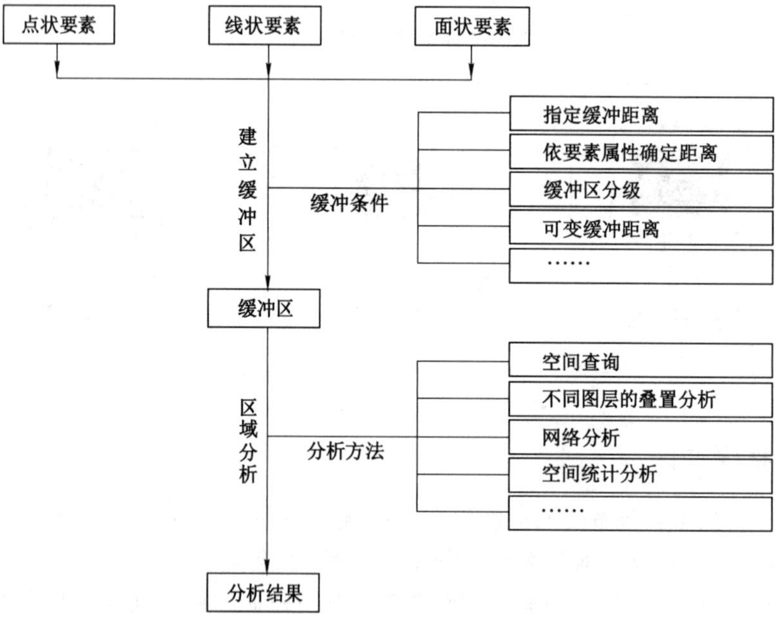

图 8-12　缓冲区分析流程

8.3　叠置分析

叠置(overlap)分析是地理信息系统中常用的提取空间隐含信息的方法之一。将同一地区的两组或两组以上的要素(地图)进行叠置,产生新的特征(新的空间图形或空间位置上的新属性的过程)的分析方法,称为叠置分析。被叠加的要素需要在同一个区域内且具有相同的地理基础,其结果综合了原来两个或多个层面要素所具有的属性,同时叠置分析不仅生成了新的空间关系,而且还将输入的多个数据层的属性联系起来,产生了新的属性关系。

按照 GIS 中最常用的两种数据结构将叠置分析分成矢量数据叠置分析和栅格数据叠置分析。

根据操作形式的不同,叠置分析可以分为图层擦除、交集操作、图层合并等;根据操作要素的不同,可以将矢量数据叠置分析分成点与多边形叠置、线与多边形叠置、多边形叠置,将栅格数据叠置分析分为单层与多层栅格数据叠置分析。要注意的是也要对属性进行一定的操作,这里所指的属性是较为简单的属性值,而注解属性、尺度属性、网络属性等均不能作为输入的属性值。

8.3.1　点与多边形叠置

点与多边形叠置,是指一个点图层与一个多边形图层相叠,叠置分析的结果往往是将其中一个图层的属性信息注入另一个图层,然后更新得到新数据图层。基于新数据图层,通过属性便可直接获得点与多边形叠加所需要的信息。

从根本上来说,点与多边形叠置首先是计算多边形对点的包含关系,矢量结构的 GIS 能够通过计算每个点相对于多边形线段的位置,进行点是否在一个多边形中的空间关系判断;其次是进行属性信息处理,最简单的方式是将多边形属性信息叠置到其中的点上,或将点的属性叠置到多边形上,用于标识该多边形。

通过点与多边形叠置可以查询每个多边形里有多少个点,以及落入各多边形内部的点的属性信息。例如,一个县各乡镇农作物产量图与该县的乡镇行政区划图进行叠置分析后,更新点属性表,可以计算各乡镇有多少种农作物及其产量,或者查询哪些农作物在哪些乡镇有分布等信息(图 8-13)。

8.3.2　线与多边形叠置

线与多边形的叠置同点与多边形叠置类似。线与多边形的叠加,是指一个线图层与一个多边形图层相叠。叠置结果通常是将多边形层的属性注入另一个图层,然后更新得到新数据图层。基于新数据图层,通过属性便可直接获得线与多边形叠加所需要的信息。

同样,对于线与多边形的叠加,首先要比较线坐标与多边形坐标的关系,判断哪一条线落在哪一个或哪些多边形内。由于一条线常常跨越多个多边形,因此必须计算线与多边形的交点,将原线分割为两个或两个以上落入不同多边形的新弧段;然后重建线的属性表,表中既包含每条新弧段原来所属的线的所有属性,也包含新添加的、它所落入的多边形标识序号,以及该多边形的某些附加属性。

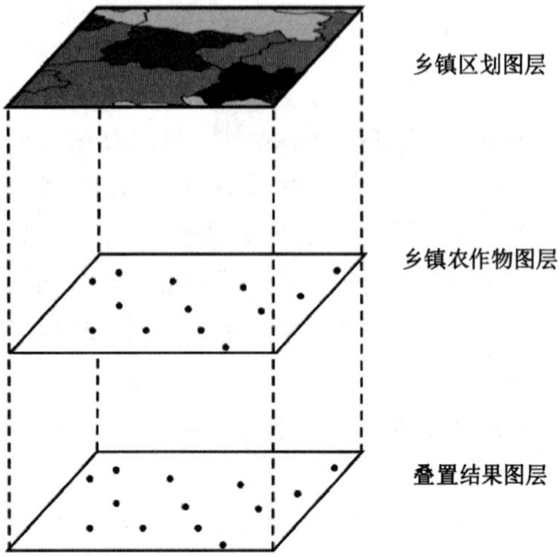

ID	名称
1	大王镇
2	张家村
3	李家村
…	…

ID	农作物产量
1	600
2	2 000
3	1 000
…	…

ID	名称	农作物产量
1	大王镇	600
2	张家村	2 000
3	李家村	1 000
…	…	…

图 8-13　点与多边形叠置分析

例如，对河流网络与乡镇区划图进行叠置分析，这样河流网络图层中的各个河流的线属性表，将不仅包含原河流的信息，还含有该河流所在行政区的标号和其他信息，可以依此得到任意省市内的河流的分布密度和长度等(图 8-14)。

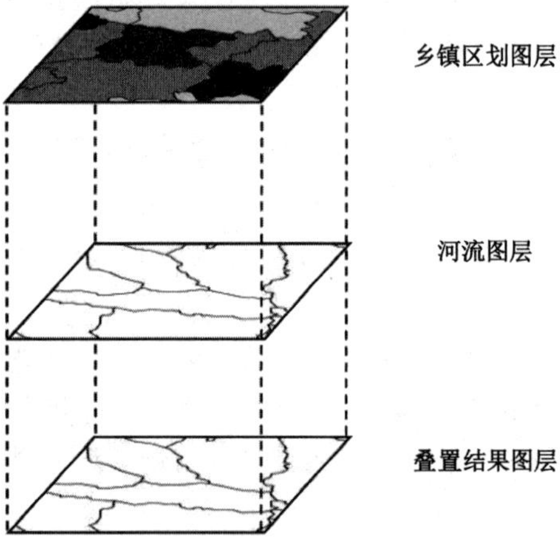

ID	名称
1	大王镇
2	张家村
3	李家村
…	…

ID	河流
1	裕河
2	昌河
3	十里沟
…	…

ID	名称	河流
1	大王镇	裕河
2	大王镇	昌河
3	李家村	昌河
…	…	…

图 8-14　线与多边形叠置分析

8.3.3　多边形叠置

多边形叠置是 GIS 空间分析中最常用的功能之一，也是叠置分析中最经典的形式。多边形叠置是将两个或多个多边形图层进行叠加，产生一个新的多边形图层。新图层的多边形是原来各图层多边形相交分割的结果，每个多边形的属性含有原图层各个多边形的所有属性数据。

多边形的叠置首先要进行几何相交，即首先求出所有多边形边界线的交点，再根据这些交点重新装配多边形，建立拓扑关系，对每个多边形赋予唯一标识码，并判断新生的多边形分别落在各图层的哪个多边形内，建立新多边形与原多边形的关系。其次，在关系数据库中建立结果层的多边形属性表，将原图层中对应多边形的属性数据关联到新的多边形属性表中，但前提是多边形对象内属性是均质的，将它们分割后，属性不变，如图 8-15 所示，其逻辑与点、线与多边形叠置类似。

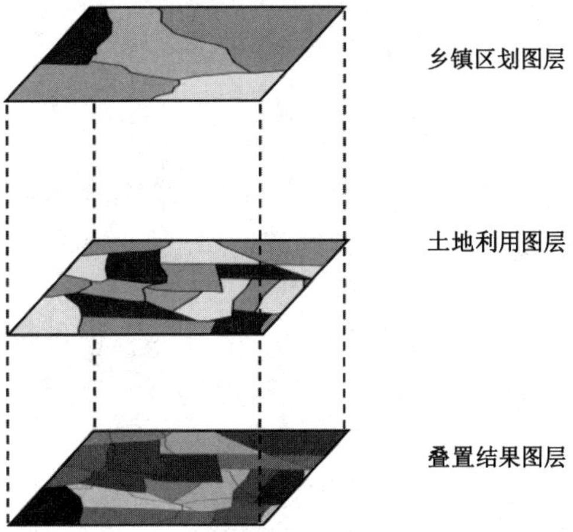

ID	名称
1	高家庄
2	贾家村
3	周家堡
…	…

ID	土地利用编号
1	110
2	111
3	112
…	…

ID	名称	土地利用编号
1	高家庄	110
2	贾家村	111
3	周家堡	112
…	…	…

图 8-15　多边形与多边形叠置分析

多边形与多边形的叠置相对于点与多边形叠置和线与多边形叠置复杂，根据多边形叠置的逻辑关系，一般的 GIS 软件都提供了三种类型的叠置操作，即并、交、差等。

其中，“并”为保留两个输入图层的所有多边形，即将其他数据添加到当前的选择集中，如图 8-16(a)所示；“交”为只保留两个输入图层的公共区域，即从当前数据集中选择公共部分，如图 8-16(b)所示；“差”为以输入图层为界，去掉与另一个数据集的公共区域，即从当前选择集中删除，如图 8-16(c)所示。

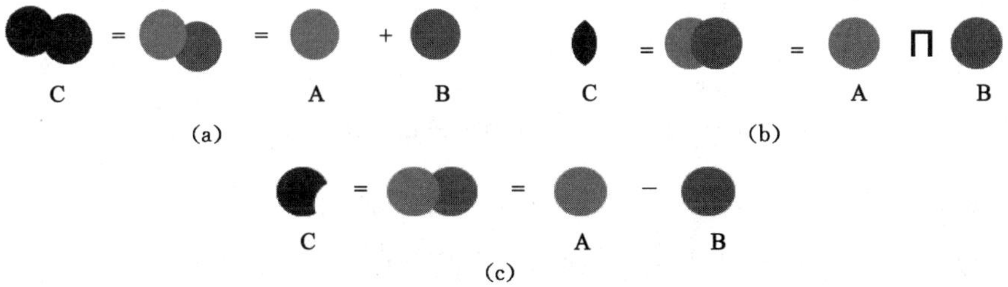

图 8-16　多边形叠置的逻辑关系

两个多边形叠加时，其边界在相交处是被分割的，因此，输出多边形的数目可能远大于输入多边形的数目。在多边形叠加操作中，往往会产生很多较小的多边形，其中大部分并不代表实际的空间变化，这些小而无用的多边形称为破碎多边形或伪多边形，它们是多边形叠置的主要问题。通常 GIS 软件在地图叠加操作中设置模糊容差值，以去除破碎多边形，或者构建拓扑数据集进行拓扑检查。

8.3.4 栅格数据叠置

栅格数据由于其空间信息隐含属性信息明确的特点，可以看作典型的数据层面，通过数学关系建立不同数据层面之间的联系是 GIS 提供的典型功能，空间模拟尤其需要通过各种各样的方式将不同的数据层面进行叠加运算，以揭示某种空间现象或空间过程。在栅格数据内部，叠加运算是通过像元之间的各种运算来实现的。设：$x_1, x_2, \cdots, x_n$ 分别表示第 1 层至第 n 层上的同一坐标属性值，f 函数表示各层上属性与用户需求之间的关系，E 为叠置后属性输出层的属性值，则：

$$E = f(x_1, x_2, \cdots, x_n)$$

叠加操作的输出结果可能是：① 各层属性数据的算术运算结果；② 各层属性数据的极值；③ 逻辑条件组合；④ 其他模型运算结果。

同矢量数据的多边形叠置分析相比，栅格数据具有更易处理、简单而有效、不存在破碎多边形等优点，使得栅格数据的叠置分析在各类领域应用极为广泛。根据栅格数据叠加层面的不同，将栅格数据的叠置分析运算方法分为以下几类。

1. 布尔逻辑运算

栅格数据一般可以按属性数据的布尔逻辑运算来检索，即这是一个逻辑选择的过程。一般可以用布尔逻辑算子及运算结果的文氏图（维思图）表示运算关系，布尔逻辑为 AND（与）、OR（或）、XOR（异或）、NOT（非）。布尔逻辑运算可以组合更多的属性作为检索条件，以进行更复杂的逻辑选择运算。

如图 8-17 所示，基于过去(a)及现在(b)的地表类型（其中，“0”代表沙漠，其他数值代表其他不同的地表类型），欲提取该地区从未被沙漠化过的区域，则可以用布尔逻辑运算中的“AND”来解决该问题。

(a)

2	2	0
3	2	1
3	1	0

&

(b)

1	2	0
3	2	0
3	1	1

=

(c)

1	1	0
1	1	0
1	1	0

图 8-17　布尔逻辑运算示意

2. 重分类

重分类是将属性数据的类别合并或转换成新类，即对原来数据中的多种属性类型按照一定的原则进行重新分类，以利于分析。重分类时，必须保证多个相邻接的同一类别的图形单元获得相同的名称，并将图形单元合并，从而形成新的图形单元。如图 8-18 所示为不同的土地类型，但是 1 和 2、5 价格一样，所以可以按照一样的价格进行重新分类。

3. 数学运算复合法

数学运算复合法指不同层面的栅格数据逐网格按一定的数学法则进行运算，从而得到新的栅格数据系统的方法。其主要类型有以下几种。

(1) 算术运算：指两个以上图层的对应网格值经加减运算而得到新的栅格数据系统的方法。这种复合分析法具有很大的应用范围。

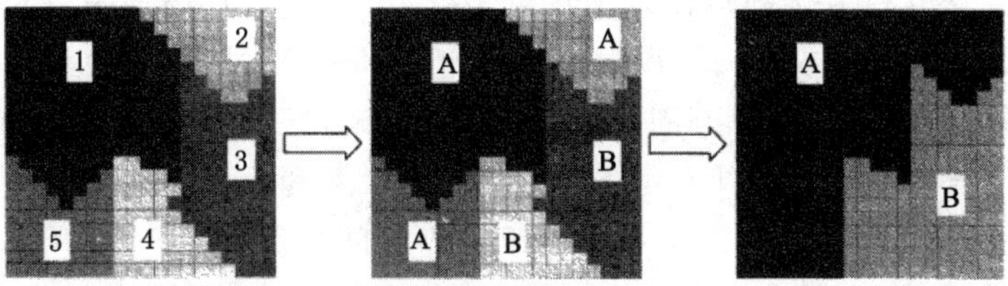

图 8-18　数据重分类示意

例如，在工程填挖问题中，已知实际 DEM（数字高程模型）[图 8-18(a)]和设计 DEM [图 8-18(b)]，则利用两个栅格图层进行算术运算（$DEM_{design}-DEM_{now}$），便可计算出填挖量。

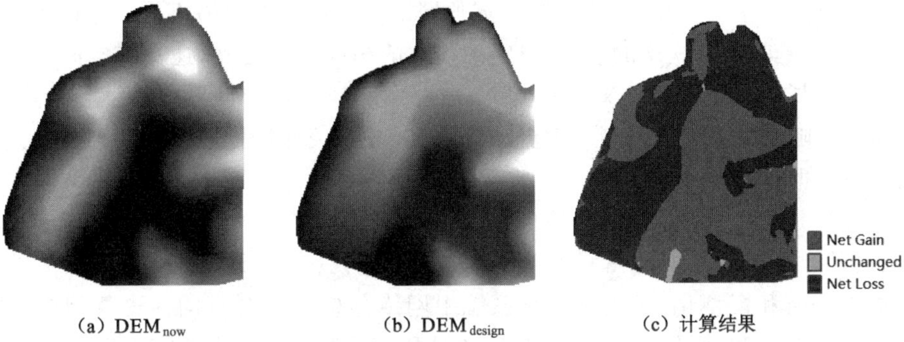

图 8-18　DEM 计算填挖量示意

(2) 函数运算：指两个以上层面的栅格数据系统以某种函数关系作为复合分析的依据进行逐网格运算，从而得到新的栅格数据系统的过程。

例如，利用土壤侵蚀通用方程式计算土壤侵蚀量时，就可利用多层面栅格数据的函数运算复合分析法进行自动处理。一个地区土壤侵蚀量的大小是降雨量(R)、植被覆盖度(C)、坡度(S)、坡长(L)、土壤抗蚀性(SR)等因素的函数。可写成：$E=F(R,C,S,L,SR,\cdots)$，逐网格的栅格数据叠置分析运算如图 8-19 所示。

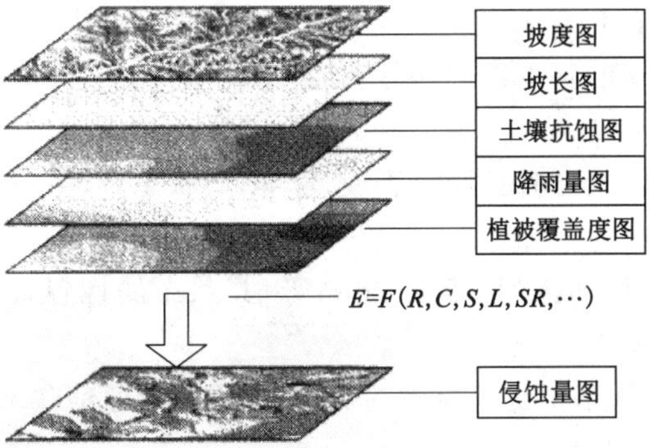

图 8-19　土壤侵蚀多因子函数运算复合分析示意

这种复合叠置分析方法被广泛地应用到地学综合分析、环境质量评价、遥感数字图像处理等领域中。还可以对数据进行视觉信息叠加，它是将不同侧面的信息内容叠加显示在结果图件或屏幕上，以便研究者判断其相互空间关系，获得更为丰富的空间信息。地理信息系统中的视觉信息叠加包括以下几类：点状图、线状图和面状图之间的叠加显示；面状图区域边界之间或一个面状图与其他专题区域边界之间的叠加；遥感影像与专题地图的叠加；专题地图与数字高程模型(DEM)叠加显示立体专题图。视觉信息叠加不产生新的数据层面，只是将多层信息复合显示，便于分析。

8.4 网络分析

在现实世界中，若干线状要素相互连接成网状结构，资源沿着这个线性网流动，这样就构成了一个网络。在 GIS 中，作为空间实体的网络与图论中的网络不同。它作为一种复杂的地理目标，除具有一般网络的边、结点间的抽象的拓扑含义之外，还具有空间定位上的地理意义和目标复合上的层次意义。具体说来，网络就是指现实世界中由链和结点组成的、带有环路并伴随着一系列支配网络中流动的约束条件的线网图形，它的基础数据是点与线组成的网络数据。

网络分析是通过模拟、分析网络的状态以及资源在网络上的流动和分配等，研究网络结构、流动效率及网络资源等的优化问题的一种方法。对地理网络、城市基础设施网络进行地理分析和模型化，是地理信息系统中网络分析的主要目的。进行网络分析研究的数学分支是图论和运筹学，它的根本目的是研究、筹划一项基于网络数据的工程如何安排，并使其运行效果最好，如一定资源的最佳分配，从一地到另一地的花费时间最短等，研究内容主要包括选择最佳路径、选择最佳布局中心的位置、资源分配、结点弧段的遍历等。其基本思想则在于：人类活动总是趋向于按一定目标选择，达到最佳效果的空间位置。这类问题在生产、社会、经济活动中不胜枚举，因此，研究此类问题具有重大意义。目前网络分析在电子导航、交通旅游、各种城市管网和配送、急救等领域发挥了重要的作用。

8.4.1 网络数据结构

网络是现实世界中的网状系统的抽象表示，可以模拟交通网、通信网、地下水管网、天然气网等网络系统。网络的基本组成部分和属性如下。

(1) 链(link)

它是网络中流动的管线，如街道、河流、水管等，其状态属性包括阻力和需求。

(2) 节点(node)

它指网络中链的结点，如港口、车站、电站等，其状态属性包括阻力和需求等。结点中又有下面几种特殊的类型。

障碍(barrier)：禁止网络中链上流动的点，或对资源或通信联络起阻断作用的点。如河流的闸门、自来水管的阀门等。

拐点(turn)：出现在网络链中的分割结点上，状态属性有阻碍强度，如拐弯的时间和限制(如不允许左拐等)。

中心(center):是接受或分配资源的位置,如水系中的水库、街道网络中的学校、连锁店的仓库、公交系统的汽车总站等。

站点(stop):是指在路径选择中资源增减的结点,如公交路线的汽车站、邮政网络的邮筒、超市等,其状态属性有资源需求,如产品数量。

除了基本的组成部分外,有时还要增加一些特殊结构,如用邻接点链表来辅助进行路径分析等。

8.4.2　网络中的属性

网络组成部分都是用图层要素形式表示的,需要建立要素间的拓扑关系,包括结点-弧段拓扑关系和弧段-结点拓扑关系,并用一系列相关属性来描述。这些属性是网络中的重要部分,一般以表格的方式存储在 GIS 数据库中,以便构造网络模型和进行网络分析。例如,在城市交通网络中,每一段道路都有名称、速度上限、宽度等,停靠点处有大量的物资等待装载或下卸等属性。在这些属性中,有一些特殊的非空间属性,如下所示。

(1) 阻强(阻碍强度):指资源在网络中流动的阻力大小,如所花的时间、费用等。它描述链与拐点所具有的属性。链的阻强描述的是从链的一个结点到另一个结点所克服的阻力,它的大小一般与弧段长度、方向、属性及结点类型等有关。拐点的阻强描述资源流动方向在结点处发生改变的阻力大小,它随着两条相连链弧的条件状况变化而变化。若有单行线,则表示资源流在往单行线逆向方向的阻力为无穷大或为负值。为了网络分析的需要,一般来说要求不同类型的阻强要统一量纲。

运用阻强概念的目的在于模拟真实网络中各路线及转弯的变化条件。网络分析中选取的资源最优分配和最优路径随要素阻强的变化而变化。最优路径是最小阻力的路线。对不构成通道的链或拐点往往赋予负的阻强,这样在选取最佳路线时可自动跳过这些链或拐点。

(2) 资源容量:指网络中心为了满足各链的需求,能够容纳或提供的资源总数量,也指从其他中心流向该中心或从该中心流向其他中心的资源总量。如水库的总容水量、宾馆的总容客量、货运总站的仓储能力等。

(3) 资源需求量:指网络系统中具体的线路、链、结点所能收集的或可以提供给某一中心的资源量。如城市交通网络中沿某条街道的流动人口、供水网络中水管的供水量、货运停靠点装卸货物的件数等。

8.4.3　网络分析功能

1. 路径分析

(1) 静态求最佳路径:在给定每条链上的属性后,求最佳路径。

(2) N 条最佳路径分析:确定起点或终点,求代价最小的 N 条路径。在实践中最佳路径只是理想情况,由于种种因素存在而要选择近似最优路径。

(3) 最短路径或最低耗费路径:确定起点、终点和要经过的中间点及中间连线,求最短路径或最低耗费路径。

(4) 动态最佳路径分析：实际网络中权值是随权值关系式变化的，可能还会临时出现一些障碍点，需要动态地计算最佳路径。

2. 计算最短路径的 Dijkstra 算法

为了进行网络最短路径分析，需要将网络转换成有向图。无论是计算最短路径还是最佳路径，其算法都是一致的，不同之处在于有向图中每条弧的权值设置。如果要计算最短路径，则权重设置为两个结点的实际距离；而要计算最佳路径，则可以将权值设置为从起点到终点的时间或费用。Dijkstra 算法(迪杰斯特拉算法)可以用于计算从有向图中任意一个结点到其他结点的最短路径。下面是该算法的描述。Dijkstra 算法计算过程如图 8-20 所示。

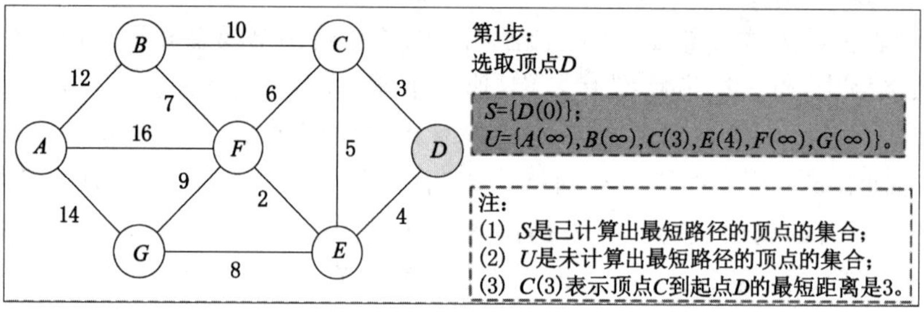

(a) 第1步

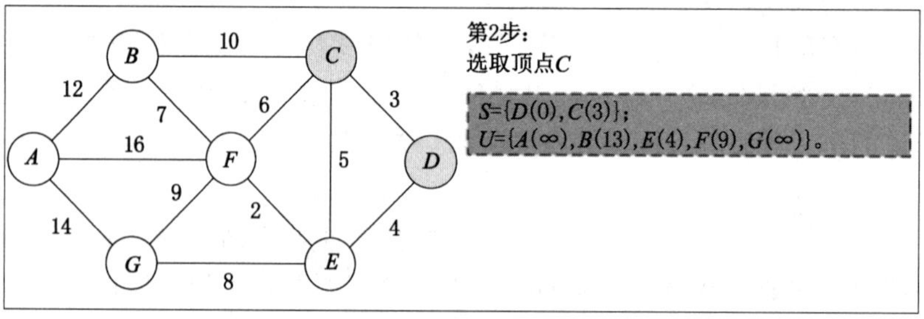

(b) 第2步

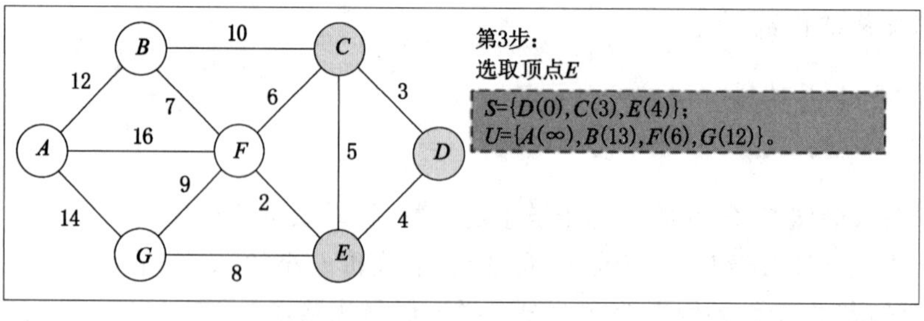

(c) 第3步

图 8-20 Dijkstra 算法计算过程

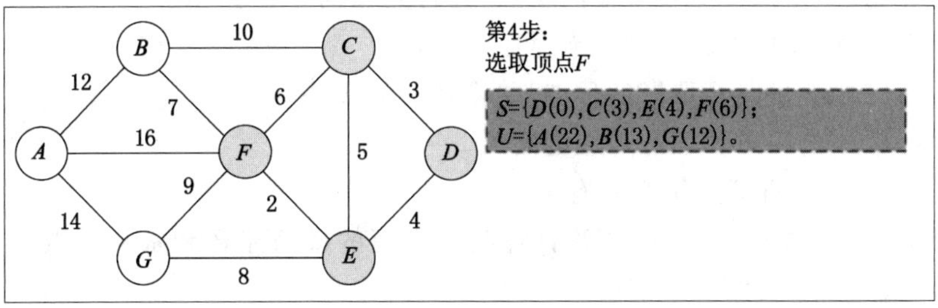

(d) 第4步

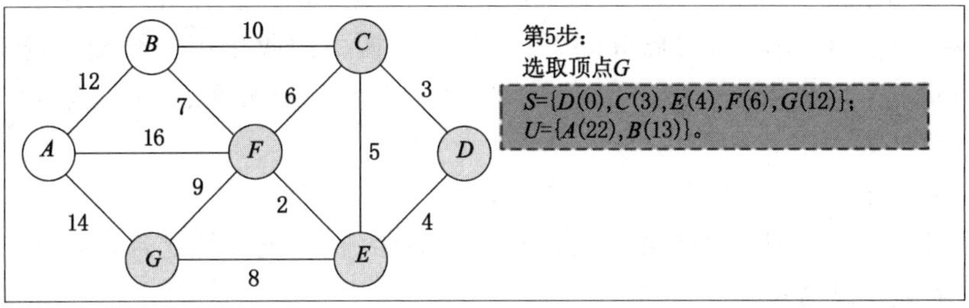

(e) 第5步

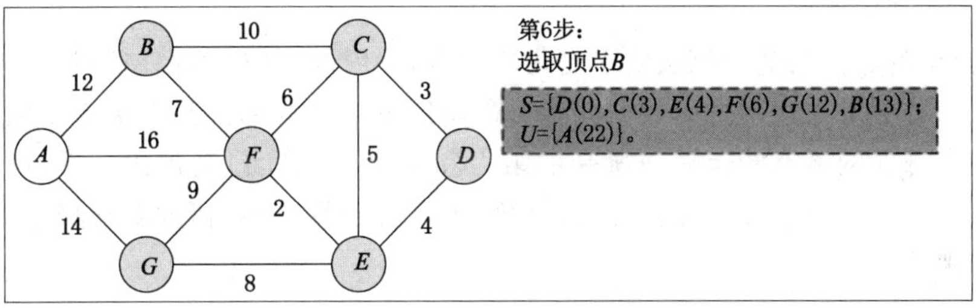

(f) 第6步

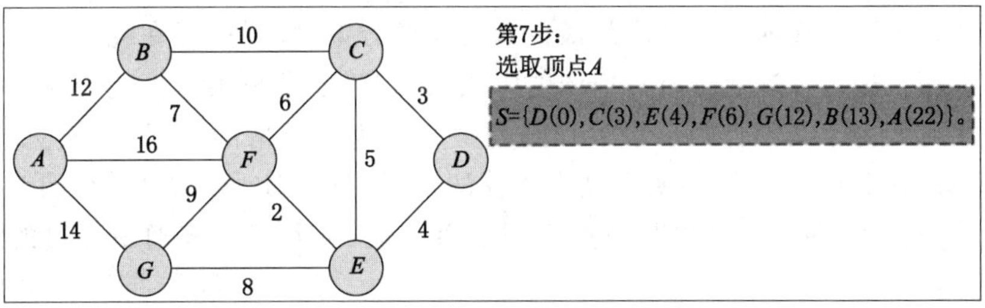

(g) 第7步

图 8-20　(续)

(1) 通过 Dijkstra 计算最短路径时，需要指定起点 s(即从顶点 s 开始计算)。

(2) 引进两个集合 S 和 U。S 的作用是记录已求出最短路径的顶点(以及相应的最短路径长度)，而 U 则记录还未求出最短路径的顶点(以及该顶点到起点 s 的距离)。

(3) 初始时，S 中只有起点 s；U 中是除 s 之外的顶点，并且 U 中顶点的路径是“起点 s 到该顶点的路径”。

(4) 然后，从 U 中找出路径最短的顶点，并将其加到 S 中。

(5) 接着，更新 U 中的顶点和顶点对应的路径。

(6) 再从 U 中找出路径最短的顶点，并将其加到 S 中。

(7) 更新 U 中的顶点和顶点对应的路径。

(8) 重复该操作，直到遍历完所有顶点。

在实际应用中，采用 Dijkstra 算法计算两点之间的最短路径和求从一点到其他所有点的最短路径所需要的时间是一样的。

3. 资源分配

资源分配网络模型由中心点（分配中心或收集中心）及其属性和网络组成。分配有两种形式，一种是由分配中心向四周分配，另一种是由四周向收集中心分配。资源分配的应用包括消防站点分布和求援区划分、学校选址、垃圾收集站点分布、停水停电对区域的社会和经济影响估计等。

(1) 负荷设计

负荷设计可用于估计排水系统在暴雨期间是否溢流，输电系统是否超载等。

(2) 时间和距离估算

时间和距离估算除可用于交通时间和交通距离分析外，还可模拟水、电等资源或能量在网络上的距离损耗。

网络分析的具体门类、对象、要求变化非常多，一般的 GIS 软件往往只能提供一些常用的分析方法，或提供描述网络的数据模型和存储信息的数据库。其中最常用的方法是线性阻抗法，即资源在网络上的运输与所受的阻力和距离（或时间）呈正比关系，在此基础上选择路径，估计负荷，分配资源，计算时间和距离等。对于特殊的、精度要求极高的、非线性阻抗的网络，则需要特殊的算法分析。

4. 连通分析

人们常常需要知道从某一结点或边出发能够到达的全部结点或边，这一类问题称为连通分量求解。另一类连通分析问题是最少费用连通方案的求解，即在耗费最小的情况下使得全部结点相互连通。连通分析对应图的生成树求解，通常采用深度优先遍历或广度优先遍历生成相应的树。最少费用求解过程则是生成最优生成树的过程，一般使用 Prim 算法（普里姆算法）或 Kruskal 算法（克鲁斯卡尔算法）。如图 8-21 所示，该系统的地下管线网络分析包含连通分析，即可以分析某两点之间是否连通，以及显示连通所经过的管线和管线连通长度。

5. 爆管分析

物资输送管道系统如燃气管道系统、供水系统等发生故障时，需要在最短时间内关闭故障周围的阀门，以保证物资损失以及造成的人员伤害减到最小。网络中必须存在障碍，这里障碍的功能与阀门相同。如图 8-22 所示，该系统的地下管线网络分析包含爆管分析，即当出现爆管故障时，可以对故障点进行分析，显示关闭相关阀门的分析结果。

在 ArcGIS 软件中，其分析工具主要有两种：传输网络分析（network analyst）和效用网络分析（utility network analyst），对应的网络数据分别为网络数据集（network dataset）和几何网络（geometric network）。

传输网络分析常用于道路、地铁等交通网络分析，以及路径、服务范围与资源分配等分

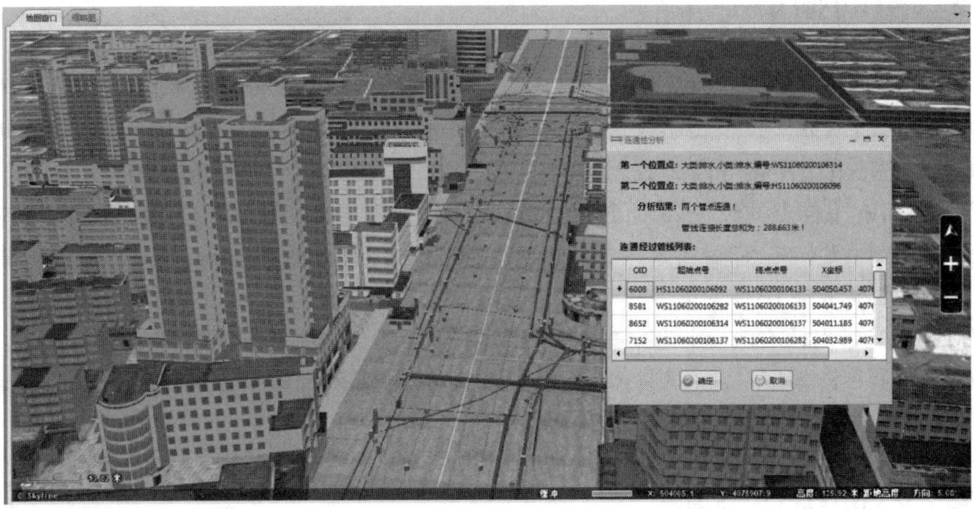

图 8-21　地下管线连通分析

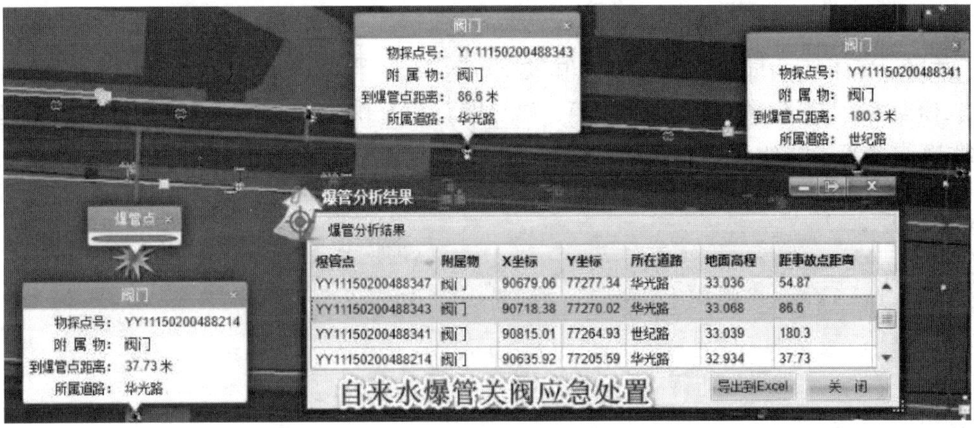

图 8-22　地下管线爆管分析

析。在传输网络分析中，允许在网络边上双向行驶，网络中的代理（如在公路上行驶的卡车驾驶员）具有主观选择方向的能力。可解决的主要问题有：计算点与点之间的最佳路径，使用时间最短或者距离最短；进行多点的物流派送，使派送员能够按照规定时间规划送货路径，也能够自由调整各点的顺序；寻找最近的一个或者多个设施点；确定一个或者多个设施点的服务区；绘制起点-终点距离成本矩阵；车辆路径派发；等等。

效用网络分析主要用于河流网络分析与公用设施网络分析，如水、电、气等管网分析，以及研究网络的状态及模拟和分析资源在网络上的流动与分配情况。在效用网络分析中，只允许在网络边上单向同时行进，网络中的代理（如管道中石油的流动）不能选择行进方向，它行进的路径需要由外部因素来决定：重力、电磁、水压等，如水、电、气被动地由高压处向低压处输送。可解决的主要问题有：寻找连通的或不连通的管线；进行上游或下游追踪；寻找环路；寻找通路；进行爆管分析；等等。

8.5　空间插值

空间数据插值是进行数据外推的基本方法。常用的插值方法有很多,并没有统一的分类标准,例如,从数据分布规律来讲,有基于规则分布数据的内插方法、基于不规则分布数据的内插方法和适用于等高线数据的内插方法等;从内插函数与参考点的关系来讲,分为曲面通过所有采样点的纯二维插值方法和曲面不通过参考点的曲面拟合插值方法;从内插曲面的数学性质来讲,有多项式内插、样条内插、最小二乘配置内插等;从对地形曲面理解的角度来讲,内插方法有克里金法、多层曲面叠加法、加权平均法、分形内插等;从内插点的分布范围来讲,内插方法分为整体内插、局部内插和逐点内插。空间内插的目的是对空间曲面特征的认识和理解,具体到方法上,则是内插点邻域范围的确定、权值确定方法(自相关程度)、内插函数的选择等3方面的问题。

8.6　空间统计分析

8.6.1　基本统计分析

常用的基本统计量主要包括最大值、最小值、极差、均值、中值、总和、众数、种类、离差、方差、标准差、变差系数、峰度和偏度等。这些统计量反映了数据集的范围、集中情况、离散程度、空间分布等特征,对进一步的数据分析起着铺垫作用(图8-23)。

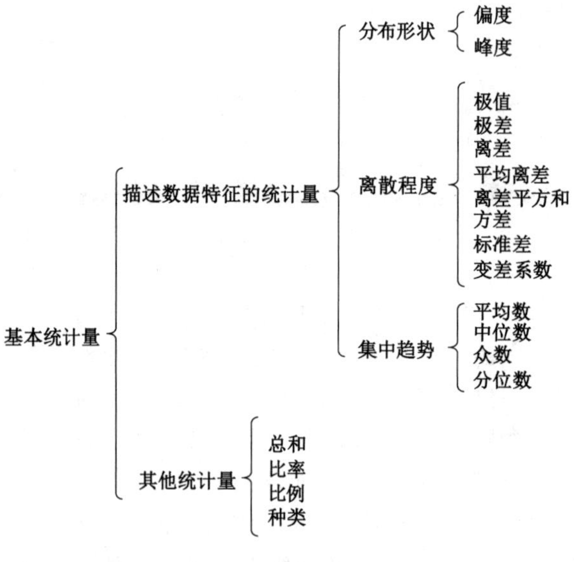

图8-23　基本统计量

8.6.2　探索性统计分析

数据分析包括探索阶段和证实阶段。探索性数据分析首先分离出数据的模式和特点,再根据数据特点选择合适的模型。探索性数据分析可以用来揭示数据对于常见模型的意想不到的偏离。探索性方法既要灵活适应数据的结构，也要对后续分析步骤揭示的模式有灵活反应。

1. 直方图

直方图指对采样数据按一定的分级方案（等间隔分级、标准差分等）进行分级，统计采样点落入各个级别中的个数或占总采样数的百分比，并通过条带图或柱状图表现出来。直方图可以直观地反映采样数据分布特征、总体规律，可以用来检验数据分布和寻找数据离群值。如图 8-24 所示为直方图示意图，表明了我国地理信息产业规模在过去三年的增长速度，一目了然。

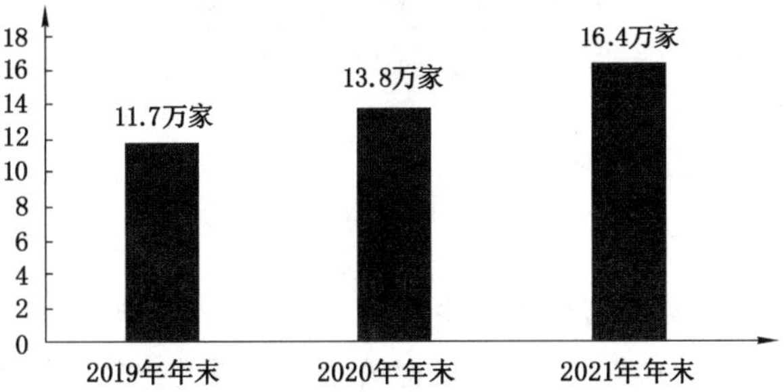

图 8-24　我国地理信息产业增长直方图

2. 检验数据分布

在空间统计的分析中，许多统计分析模型（如地统计分析）都建立在平稳假设的基础上，这种假设在一定程度上要求所有数据值具有相同的变异性。另外，一些克里金插值（如普通克里金法、简单克里金法和泛克里金法等）都假设数据服从正态分布。如果数据不服从正态分布，需要进行一定的数据变换，使其服从正态分布。因此，在进行地统计分析前，检验数据分布特征，了解和认识数据具有非常重要的意义。数据的检验可以通过直方图和正态 QQPIot 分布图（分位数-分位数图）完成。如果数据服从正态分布，数据的直方图应该呈钟形曲线；在正态 QQPlot 分布图中，数据的分布近似呈一条直线。

3. 全局趋势分析

通常一个表面由两部分组成：确定的全局趋势和随机的短程变异。空间趋势反映了空间物体在空间区域上变化的主体特征，它主要揭示空间物体的总体规律，而忽略了局部的变异。趋势面分析是根据空间抽样数据，拟合一个数学曲面，用该数学曲面来反映空间分布的变化情况。它可分为趋势面和偏差两大部分，其中趋势面反映了空间数据总体的变化趋势，受全局性、大范围的因素影响。如果能够准确识别和量化全局趋势，在空间分析统计建模中就可以方便地剔除全局趋势，从而能更准确地模拟短程随机变异。透视分析是探测全局趋势的常用方法，准确判定全局趋势特征的关键在于选择合适的透视角度。同样的采样数据，若透视角度不同，则反映的趋势信息也不相同。趋势面分析透视图如图 8-25 所示。

4. 空间自相关

大部分地理现象都具有空间相关特性，即距离越近的两事物越相似。这一特性也是空间地统计分析的基础。半变异/协方差函数云图就是这种相似性的定量化表示。空间自相

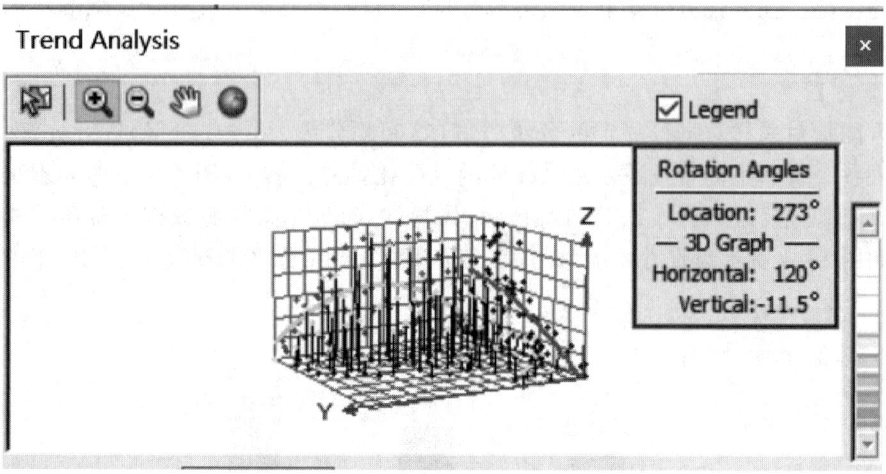

图 8-25 趋势面分析透视图

关分析包括全程空间自相关分析和局部空间自相关分析，自相关分析的结果可用来解释和寻找存在的空间聚集性或“焦点”。空间自相关分析需要的空间数据类型是点或面数据，分析的对象是具有点或面分布特征的特定属性。

全程空间自相关用来分析在整个研究范围内指定的属性是否具有自相关性。局部空间自相关用来分析在特定的局部地点指定的属性是否具有自相关性。具有正自相关的属性，其相邻位置值与当前位置值具有较高的相似性。下面介绍常用的分析空间自相关的参数：Moran I(莫兰 I 数)。

Moran I 是应用最广的一个参数。对于全程空间自相关，Moran I 定义为：

$$\text{Moran } I = \frac{\sum_{i}^{n}\sum_{j\neq i}^{n} w_{ij}(x_i - \bar{x})(x_j - \bar{x})}{S^2 \sum_{i}^{n}\sum_{j\neq i}^{i} w_{ij}}$$

对于局部位置 i 的空间自相关，Moran I 定义为：

$$I_{i(d)} = Z_i \sum_{j\neq i}^{n} w_{ij}{}' Z_j$$

式中，n 是观察值的数目；x_i 是在位置 i 的观察值；Z_i 是 x_i 的标准化变换，$Z_i = \frac{x_i - \bar{x}}{\sigma}$；$\bar{x} = \frac{1}{n}\sum_{i}^{n} x_i$；$S^2 = \frac{1}{n}\sum_{i}^{n}(x_i - \bar{x})^2$；$\boldsymbol{w}'_{ij}$ 是对称的空间权重矩阵，如果 i 与 j 相邻，取值为 1，否则取值为 0；$\boldsymbol{w}_{ij}{}'$ 是按照行和归一化后的权重矩阵(每行的和为 1)，是非对称的空间权重矩阵。

Moran I 值介于 −1 到 1 之间，0 为不相关。按照假定的空间数据分布可以计算 Moran I 的期望值和期望方差。

对于正态分布假设，有：

$$E(I) = -\frac{1}{(n-1)}$$

$$\mathrm{Var}(I)=\frac{n^2w_1-nw_2+3w_0^2}{w_0^2(n^2-1)}$$

对于随机分布假设，有：

$$E(I)=-\frac{1}{(n-1)}$$

$$\mathrm{Var}(I)=\frac{n((n^2-3n+3)w_1-nw_2+3w_0^2)-k_2((n^2-n)w_1-2nw_2+6w_0^2)}{w_0^2(n-1)(n-2)(n-3)}$$

式中：

$$w_0=\sum_j^n\sum_j^n w_{ij}$$

$$w_1=\frac{1}{2}\sum_j^n\sum_j^n(w_{ij}+w_{ji})^2$$

$$w_2=\sum_i^n(w_{i.}+w_{.i})^2$$

$w_{i.}$ 是第 i 行权重值之和；$w_{.i}$ 是第 i 列权重值之和。

$$k_2=\frac{n\sum_i^n(x_i-\bar{x})^4}{\left[\sum_i^n(x_i-\bar{x})^2\right]^2}$$

原假设是没有空间自相关。根据标准化统计量参照正态分布表可以进行假设检验，即

$$Z_i=\frac{I-E(I)}{\mathrm{Var}(I)}$$

Moran I 如果是正值而且显著，表明具有正的空间相关性，即在一定范围内各位置的值是相似的；如果是负值而且显著，则表明具有负的空间相关性，数据之间不相似；接近于 0 则表明数据的空间分布是随机的，没有空间相关性。

8.6.3　空间回归分析

一切客观事物都是相互联系和具有内部规律的，这些关系表现在量上，主要有两种类型：一类是变量之间存在着完全确定的关系，最简单和最常见的是微积分中遇到过的函数关系；另一类是统计关系，或称相关关系。回归分析是研究两个或两个以上变量之间关系的一种统计方法。在进行分析、建模时，常选用其中一个变量为因变量，其余的变量作为解释变量，然后根据样本资料研究解释变量与因变量之间的关系。空间回归在经典的统计回归分析中考虑了空间的自相关性，这种模型在 20 世纪 70 年代后期开始出现并逐步成熟。由于在经典的回归中加入了空间关系，通过空间关系把属性数据与空间位置关系结合起来，所以空间回归可以更好地解释地理事物的空间关系。

1. 经典统计回归分析

如果认为因变量 y 与自变量 $x_1,x_2,...,x_p$之间具有线性相关关系，那么，它们的关系可以表示为线性回归预测模型，即

$$y=b_0+b_1x_1+b_2x_2+\cdots+b_px_p+\varepsilon_i$$

式中，b_0 为常量，表示不能用其他自变量表示的部分；$b_1, b_2, ..., b_p$ 为各解释变量的系数，其标准化值表示对因变量的影响大小；ε_i 为误差项，要求符合正态分布。

上面的模型可简化表示为：

$$\boldsymbol{Y} = \boldsymbol{X\beta} + \boldsymbol{\varepsilon}, \quad \boldsymbol{\varepsilon} \sim N(0, \sigma^2)$$

式中，$\boldsymbol{Y}$ 是从 n 个位置得到的一个因变量，为 $n\times1$ 的向量矩阵；$\boldsymbol{X}$ 是一个 $n\times k$ 的解释变量矩阵；$\boldsymbol{\beta}$ 是一个 $k\times1$ 的模型参数向量矩阵；$\boldsymbol{\varepsilon}$ 是一个 $n\times1$ 的干扰矩阵；k 为解释变量的个数。

2. 空间加权回归模型

经典统计回归有很强的假定条件，例如，假定误差项独立且同方差。空间加权回归即地现加权回归(GWR)模型减少了统计回归方程中同方差的假设，即误差项可以有不同的方差。空间加权回归模型的表达式为：

$$y(g) = \beta_0(g) + \beta_1(g)x_1 + \beta_2(g)x_2 + \cdots + \varepsilon$$

式中，(g) 指获取估计参数的空间坐标向量 $\boldsymbol{g}$，y 是因变量，x_i 是多维空间或时间要素，β_i 是模型的系数，ε 为残差。

使用普通最小二乘法(OLS)，对于经典的线性回归而言，β 参数可使用下式估计：

$$\beta = (\boldsymbol{X}^{\mathrm{T}}\boldsymbol{X})^{-1}\boldsymbol{X}^{\mathrm{T}}\boldsymbol{Y}$$

类似的，对于 GWR 模型，可以使用空间权重来计算 $\beta(g)$，即

$$\beta(g) = (\boldsymbol{X}^{\mathrm{T}}\boldsymbol{W}(g)\boldsymbol{X})^{-1}\boldsymbol{X}^{\mathrm{T}}\boldsymbol{W}(g)\boldsymbol{Y}$$

式中，$\boldsymbol{W}(g)$ 是位置 g 的权重矩阵，距离 g 越近，权重值越高。计算权重的方法有很多，GWR 模型一般用高斯函数，即

$$w_i(g) = \exp(-d/h)^2$$

式中，d 是观测位置 i 与位置 g 之间的欧氏距离，h 是间隔距离。

3. 空间联立自回归模型

联立自回归(SAR)是最基本的空间回归模型。1995 年后，Anselin(安瑟兰)给出了实用的程序包"SpaceStat"以辅助进行这一计算。考虑到空间相关性，可以提出以下两种假设。

Y 是空间自相关的，模型形式变化为空间滞后模型，即

$$\boldsymbol{Y} = \rho\boldsymbol{W}_y + \boldsymbol{X\beta} + \boldsymbol{\varepsilon}$$

式中，Y 是因变量，ρ 是空间相关参数，$\boldsymbol{W}$ 是空间权重矩阵，$\boldsymbol{X}$ 是多维空间或时间要素，$\boldsymbol{\beta}$ 是模型的系数，$\boldsymbol{\varepsilon}$ 为残差。

误差是空间自相关的，模型形式变化为空间误差模型，即

$$\boldsymbol{Y} = \boldsymbol{X\beta} + \boldsymbol{\mu}, \boldsymbol{\mu} = \lambda\boldsymbol{W}_\mu + \boldsymbol{\varepsilon}$$

式中，λ 为空间误差参数；$\boldsymbol{\mu}$ 是一个空间自相关的干扰向量矩阵；$\boldsymbol{W}$ 是空间权重矩阵；ρ 是空间相关参数，表示空间自相关性对模型的影响程度；$\boldsymbol{\varepsilon}$ 为残差。

λ 和 ρ 的值越大，表明空间自相关对模型的影响越大。对于空间数据，如果使用经典的线性回归模型，那么它等价于假设空间自回归模型中的参数 $\lambda=\rho=0$，即假设没有空间自相关性。

8.6.4 空间统计分类

多变量统计分析主要用于数据分类和综合评价。数据分类方法是地理信息系统重要的组成部分。一般来说，地理信息系统存储的数据具有原始性质，用户可以根据不同的使

用目的，进行提取和分析，特别是对于观测和取样数据，采用分类和内插方法不同，得到的结果有很大的差异。因此，在大多数情况下，首先是将大量未经分类的数据输入信息系统数据库，然后要求用户建立具体的分类算法，以获得所需要的信息。

综合评价模型是区划和规划的基础。从人类认识的角度来看，有精确的和模糊的两种类型，因为绝大多数地理现象难以用精确的定量关系划分和表示，因此模糊的模型更为实用，结果也往往更接近实际。综合评价一般经过以下四个过程：

(1) 评价因子的选择与简化；

(2) 多因子重要性指标(权重)的确定；

(3) 因子内各类别对评价目标的隶属度确定；

(4) 选用某种方法进行多因子综合。

分类和评价的问题通常涉及大量的相互关联的地理因素，主成分分析方法可以从统计意义上将各影响要素的信息压缩到若干合成因子上，从而使模型大大简化。因子权重的确定是建立评价模型的重要步骤，权重正确与否极大地影响评价模型的正确性，而通常的因子权重确定依赖较多的主观判断，层次分析法是综合众人意见，科学地确定各影响因子权重的简单而有效的数学手段。隶属度反映因子内各类别对评价目标的不同影响，依据不同因子的变化情况，常采用分段线性函数或其他高次函数形式计算。常用的分类和综合方法包括聚类分析和判别分析两大类。聚类分析可根据地理实体之间影响要素的相似程度，采用某种与权重和隶属度有关的距离指标，将评价区域划分为若干类别；判别分析类似遥感图像处理的分类方法，即根据各要素的权重和隶属度，采用一定的评价标准将各地理实体判归为最可能的评价等级或以某个数据值所示的等级序列上。分类定级是评价的最后一步，将聚类的结果根据实际情况进行合并，并确定合并后每一类的评价等级，对于判别分析的结果序列采用等间距或不等间距的标准划分为最后的评价等级。

下面简要介绍分类评价中常用的几种数学方法。

1. 主成分分析(principal component analysis，PCA)

地理问题往往涉及大量相互关联的自然和社会要素，众多的要素常常给模型的构造带来很大困难，同时也增加了运算的复杂性。为使用户易于理解和解决现有存储容量不足的问题，有必要减少某些数据而保留最必要的信息。由于地理变量中许多变量通常都是相互关联的，所以就有可能按这些关联关系进行数学处理达到简化数据的目的。主成分分析是通过数理统计分析，求得各要素间线性关系的实质上有意义的表达式，将众多要素的信息压缩表达为若干具有代表性的合成变量，这就消除了变量选择时的冗余和相关，然后选择信息最丰富的少数因子进行各种聚类分析，构造应用模型。

设有 n 个样本，p 个变量。将原始数据转换成一组新的特征值——主成分，主成分是原变量的线性组合，且具有正交特征。即将 $x_1, x_2, \cdots, x_p$ 综合成 $m(m<p)$ 个指标 $z_1, z_2, \cdots, z_m$，即

$$
\begin{aligned}
z_1 &= l_{11} * x_1 + l_{12} * x_2 + \cdots + l_{1p} * x_p \\
z_2 &= l_{21} * x_1 + l_{22} * x_2 + \cdots + l_{2p} * x_p \\
&\cdots\cdots \\
z_m &= l_{m1} * x_1 + l_{m2} * x_2 + \cdots + l_{mp} * x_p
\end{aligned}
$$

这样确定的综合指标 $z_1, z_2, \cdots, z_m$ 分别称作原指标的第1，第2，…，第 m 主成分。其中

z_1 在总方差中占的比例最大，其余主成分 $z_2,z_3,\cdots,z_m$ 的方差依次递减。在实际工作中，常挑选前几个方差占比较大的主成分，这样既减少了指标的数目，又抓住了主要矛盾，简化了指标之间的关系。

从几何上看，确定主成分的问题，就是找 p 维空间中椭球体的主轴问题，就是得到 $x_1,x_2,\cdots,x_p$ 的相关矩阵中 m 个较大特征值所对应的特征向量，通常用雅可比(Jacobi)法计算特征值和特征向量。

很显然，主成分分析这一数据分析技术是把数据减少到易于管理的程度，也是将复杂数据变成简单类别便于存储和管理的有力工具。

2. 层次分析法(analytic hierarchy process，AHP)

层次分析法是系统分析的数学工具之一，它把人的思维过程层次化、数量化，并用数学方法为分析、决策、预报或控制提供定量依据。事实上这是一种定性和定量分析相结合的方法。在模型涉及大量相互关联、相互制约的复杂因素情况下，各因素对问题的分析有着不同的重要性，确定它们对目标重要性的序列，对建立模型十分重要。

AHP 把相互关联的要素按隶属关系分为若干层次，请有经验的专家对各层次各因素的相对重要性给出定量指标，利用数学方法综合专家意见给出各层次各要素的相对重要性权值，作为综合分析的基础。

3. 系统聚类分析

系统聚类分析是根据多种地学要素对地理实体进行划分类别的方法，对不同要素划分的类别往往反映不同目标的等级序列，如土地分等定级、水土流失强度分级等。系统聚类的步骤一般是根据实体间的相似程度，逐步合并若干类别，其相似程度由距离或者相似系数定义。进行类别合并的准则是使得类间差异最大，而类内差异最小。

4. 判别分析

判别分析与系统聚类分析同属分类问题，所不同的是，判别分析是预先根据理论与实践确定等级序列的因子标准，再将待分析的地理实体安排到序列的合理位置上，对于诸如水土流失评价、土地适宜性评价等有一定理论根据的分类系统定级问题比较适用。

判别分析依其判别类型的多少与方法的不同，可分为两类判别、多类判别和逐步判别等。通常在两类判别分析中，要求根据已知的地理特征值进行线性组合，构成一个线性判别函数 Y，即

$$Y = c_1 * x_1 + c_2 * x_2 + \cdots + c_m * x_p$$

式中，$c_k(k=1,2,\cdots,m)$为判别系数，它可反映各要素或特征值作用方向、分辨能力和贡献率大小。只要确定了 c_k，判别函数 Y 也就确定了。在确定判别函数后，根据每个样本计算判别函数数值，然后将其归并到相应的类别中。常用的判别分析有距离判别法、Bayes(贝叶斯)最小风险判别、费歇准则判别等。

思考题

1. 说明缓冲区分析的原理与用途。
2. 分析矢量数据和栅格数据在空间分析中的优缺点和各自的局限性。
3. 请编程实现迪杰斯特拉算法。

4. 请举例说明叠加分析如何提取隐含信息。

5. 网络分析对空间数据有哪些基本要求？

6. 如图 8-26 所示，某城市预新建一个公园，选址要求为依山傍水、交通方便、环境优美三个条件，请看图回答以下问题：

(1) 该公园选址之前分别需要哪些基础数据？说明原因。

(2) 选址过程中都涉及哪些空间分析？结合图示阐述如何应用这些空间分析进行选址。

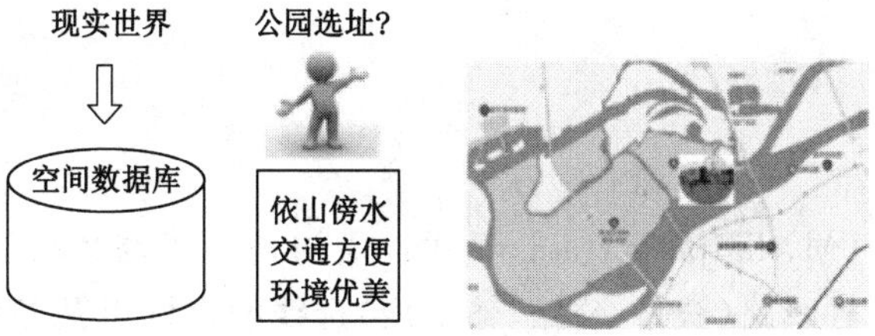

图 8-26　题 6 图

第9章 数字地形分析

9.1 概述

1. DTM

数字地形模型(DTM,digital terrain model)最初是为了高速公路的自动设计提出来的。此后,它被用于各种线路(铁路、公路、输电线)选线的设计以及各种工程的面积、体积、坡度计算,任意两点间的通视判断及任意断面图绘制。在测绘中被用于绘制等高线、坡度坡向图、立体透视图,制作正射影像图以及地图的修测。数字地形模型在遥感应用中可作为分类的辅助数据。它还是地理信息系统的基础数据,可用于土地利用现状的分析、合理规划及洪水险情预报等,在军事上可用于导航及导弹制导、作战电子沙盘等。对 DTM 的研究包括 DTM 的精度问题、地形分类、数据采集、DTM 的粗差探测、质量控制、数据压缩、DTM 应用以及不规则三角网 DTM 的建立与应用等。

DTM 是地形表面形态属性信息的数字表达,是带有空间位置特征和地形属性特征的数字描述。可以用公式表示为:$z=f(x,y)$。其中,z 为二维表面上连续变化的地理特征,如气压、气温、水质、污染度等。

2. DEM

当且仅当数字地形模型中地形属性 Z 为高程时称为数字高程模型(digital elevation model,DEM)。高程是地理空间中的第三维坐标。由于传统的地理信息系统的数据结构都是二维的,因此数字高程模型的建立是一个必要的补充。

数字高程模型的概念有很多,王之卓给出的定义为,地形表面用 X、Y、Z 坐标的数字形式的一种表达。龚健雅给出的定义为,表示地形空间分布的一个有限三维向量系列 $\{X、Y、Z\}$,其中 X、Y 表示地形点的平面位置,Z 表示相应点的高程。

DEM 通常用地表规则网格单元构成的高程矩阵表示,广义的 DEM 还包括等高线、三角网等所有表达地面高程的数字表示。在地理信息系统中,DEM 是建立 DTM 的基础数据,其他的地形要素可由 DEM 直接或间接导出,称为派生数据,如坡度、坡向。

高程模型最常见的表达是相对于海平面的海拔高度,或某个参考平面的相对高度,所以高程模型又叫地形模型。实际上地形模型不仅包含高程属性,还包含其他的地表形态属性,如坡度、坡向等。

一个地区的地表高程的变化可以采用多种方法表达,用数学定义的表面或点、线、影像都可用来表示 DEM。DEM 的表示方法如图 9-1 所示。

(1) 数学方法

用数学方法来表达,可以采用整体拟合方法,即根据区域所有的高程点数据,用傅里叶

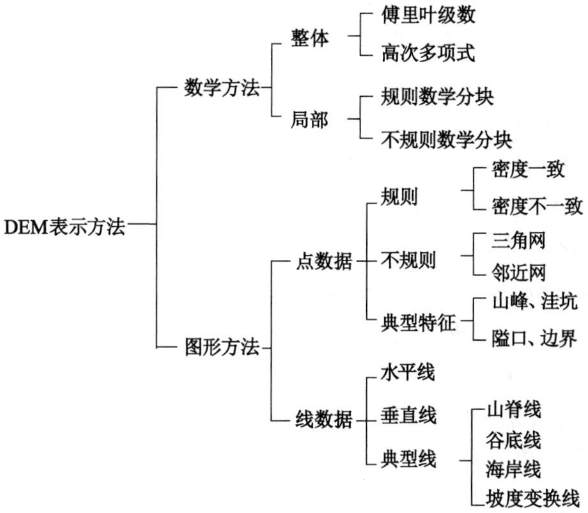

图 9-1　DEM 的表示方法

级数和高次多项式拟合统一的地面高程曲面。也可用局部拟合方法，将地表复杂表面分成正方形规则区域或面积大致相等的不规则区域进行分块搜索，根据有限个点进行拟合形成高程曲面。

(2) 图形方法

① 线模式

等高线是表示地形最常见的形式。其他地形特征线也是表达地面高程的重要信息源，如山脊线、谷底线、海岸线及坡度变换线等。

② 点模式

用离散采样数据点建立 DEM 是 DEM 建立常用的方法之一。数据采样可以按规则格网采样，可以是密度一致的或不一致的；可以是不规则采样，如不规则三角网、邻近网模型等；也可以有选择性地进行采样，采集山峰、洼坑、隘口、边界等重要特征点。

在地理信息系统中，DEM 最主要的三种表示模型是：等高线模型、规则格网模型和不规则三角网模型。

3. DSM

DTM 和 DEM 的共同点为：假设地形表面只有地形信息，不包含人工建筑、树木等依托地形表面的物体。而数字表面模型(digital surface model，DSM)则会表达地表的全部表面形状，真实反映地表的完整信息。

DSM 被广泛用于实践，如 DSM 与 DEM 的差值可以反演植被的生长状态等。对 DSM 进行加工，去掉人工建筑以及树木等信息，则可以得到 DEM。

9.2　DEM 数据采集方法

DEM 是国家基础地理信息产品中的 4D 产品之一，目前世界各国纷纷建立了覆盖本国国土的各种比例尺的 DEM。高精度、高效率地获取地形数据，是 DEM 建立的根本条件。

DEM 是实际地形表面的再现，其对地形表达的可信程度，在很大程度上取决于原始地形采样点的分布和密度。同传统的等高线地形图测图一样，DEM 数据采样要求对研究区域的地形表面结构特征和地形复杂程度有深入的了解，这样才能正确地选择地形特征点和线，合理地分布采样点，正如 Eklundh（埃克隆德）和 Martensson（马滕松）所指出的“DEM 用户应把重点放在数据来源和输入质量的控制上，而不是学习复杂的内插方法”。

DEM 数据的主要采集方法如下。

（1）地形图数字化采集。该方法易实现，技术难度低，成本低，但精度也低，且依赖原有地形图，适用于中小比例尺地形图的数据获取。

（2）传统外业测量方法。该方法得到的 DEM 精度高，但是成本很高，劳动强度大，效率低，且不易于更新，适用于小范围区域。

（3）航空影像的更新速度快，是地形图测绘和更新最有效也是最主要的手段。利用该数据源，可以快速获取或更新大面积的 DEM 数据，从而满足数据现势性的要求。其获取的影像是高精度、大范围 DEM 生产的最有价值的数据源。摄影测量在我国基本比例尺测图生产中起到了关键的作用，我国绝大部分的大比例尺地形图的成图均采用摄影测量方法，在我国的各级比例尺 DEM 建库工程中，摄影测量也是数据获取的主要方法之一。

（4）航天航空遥感也是快速获取大范围 DEM 数据的一种有效的方法，但从具体的试验结果来看，从各种卫星扫描系统如 LandSat 系列卫星上的 MSS、TM 传感器以及 SPOT 卫星上的立体扫描仪所获取的高程数据，其相对精度和绝对精度都比较低，只适用于小比例尺的 DEM 生产，对于大比例尺的 DEM 生产并不能满足其精度要求。

近年来出现的合成孔径雷达干涉测量数据、机载激光扫描仪扫描数据等新型传感器数据被认为是快速获取高精度、高分辨率、大范围、信息丰富的 DEM 数据最有希望的数据源，但其价格相对较高。

具体采用哪种方法构建 DEM，取决于具体应用的要求，包括精度、数据范围、成本、用途等。

9.3 DEM 主要表达方式

9.3.1 等高线模型

等高线模型表示高程，高程值的集合是已知的，每一条等高线对应一个已知的高程值，这样一系列等高线集合和它们的高程值一起就构成了一种地面高程模型，如图 9-2 所示。

等高线通常被存储成一个有序的坐标点对序列，可以认为是一条带有高程值属性的简单多边形或多边形弧段。由于等高线模型只表达了区域的部分高程值，往往需要一种插值方法来计算落在等高线外的其他点的高程，又因为这些点是落在两条等高线包围的区域内，所以，通常只使用外包的两条等高线的高程进行插值。

等高线通常可以用二维的链表来存储。还可以用图来表示等高线的拓扑关系，将等高线之间的区域表示成图的结点，用边表示等高线本身。此方法满足等高线闭合或与边界闭合、等高线互不相交两条拓扑约束。这类图可以改造成一种无圈的自由树。如图 9-3 所示为一个等高线图和它相应的自由树。其他还有多种基于图论的表示方法。

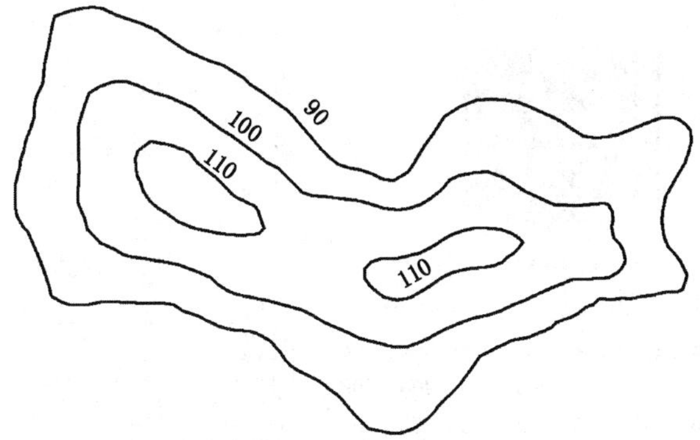

图 9-2　等高线

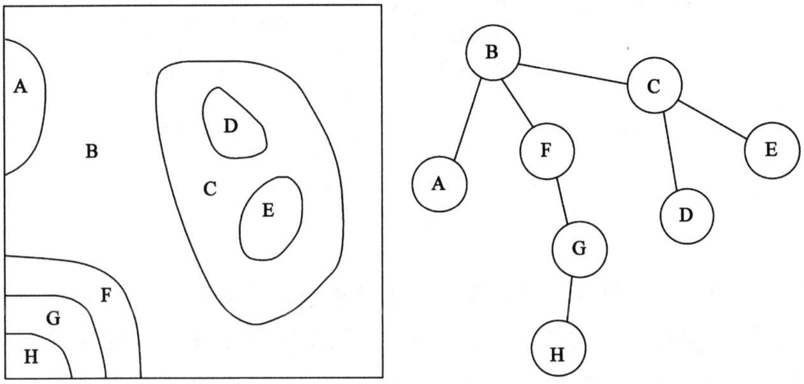

图 9-3　等高线和相应的自由树

9.3.2　规则格网模型

1. 规则格网模型的表达

规则格网表示的 DEM,来源于直接规则格网的采样点或由不规则离散数据点内插产生。规则格网通常是正方形,也可以是矩形、三角形等。规则格网将现实世界的区域空间切分为规则的格网单元,如图 9-4(a)所示,每个格网单元对应一个高程数值。其数学上可以表示为一个矩阵,如图 9-4(b)所示。在计算机实现中则是一个二维数组,如图 9-4(c)所示。每个格网单元或数组的一个元素,对应一个高程值,其数据结构如图 9-4(d)所示。

DEM 的数据结构主要分为两部分,一部分为文件头,其余为文件体,其中文件头包括的内容如下。

ncols:DEM 数据的列数。

nrows:DEM 数据的行数。

xllcorner:X 方向坐标。

yllcorner:Y 方向坐标。

cellsize:数据网格单元大小。

NODATA_value:无数据的数值。

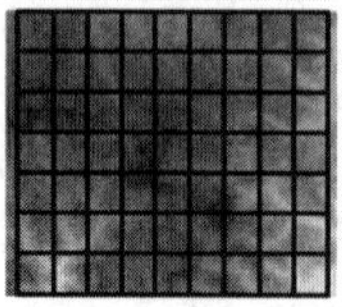

(a) DEM

$$F_{m\times n}=\begin{bmatrix} f_{1\times 1} & f_{1\times 2} & \cdots & f_{1\times n} \\ f_{2\times 1} & f_{2\times 2} & \cdots & f_{2\times n} \\ \vdots & \vdots & \ddots & \vdots \\ f_{m\times 1} & f_{m\times 2} & \cdots & f_{m\times n} \end{bmatrix}$$

(b) 高程矩阵

$$F_{7\times 9}=\begin{bmatrix} 108 & 110 & 112 & 111 & 106 & 106 & 105 \\ 109 & 111 & 114 & 113 & 111 & 109 & 108 \\ 110 & 111 & 114 & 112 & 110 & 108 & 107 \\ 110 & 113 & 115 & 112 & 110 & 108 & 108 \\ 112 & 112 & 113 & 111 & 108 & 107 & 106 \\ 111 & 114 & 116 & 110 & 106 & 105 & 104 \\ 108 & 109 & 107 & 107 & 106 & 105 & 104 \\ 107 & 109 & 106 & 106 & 105 & 104 & 102 \\ 106 & 107 & 106 & 105 & 105 & 103 & 102 \end{bmatrix}$$

(c) 高程二维数组

```
ncols         136
nrows         95
xllcorner     486154.13006592
yllcorner     3090794.2081299
cellsize      90
NODATA_value  -9999
-9999 -9999 -9999 -9999 -9999 -9999
-9999 -9999 -9999 -9999 -9999 -9999
-9999 -9999 -9999 -9999 -9999 -9999
-9999 6691 6654 6645 6641 6636 6635
9999 -9999 -9999 -9999 -9999 -9999
9999 -9999 -9999 -9999 -9999 -9999
-9999 -9999 -9999 -9999 -9999 -9999
-9999 -9999 -9999 -9999 -9999 -9999
-9999 -9999 -9999 -9999 -9999 -9999
6721 6682 6665 6652 6645 6644 6635
```

(d) 高程数据结构

图 9-4 DEM 的规则格网模型

2. 规则格网模型的建立

DEM 建立过程中的关键环节是根据采样点的值内插计算格网点上的高程值。采样点可以是不规则分布、规则分布或者沿等高线分布，依据这些采样点根据加权平均法内插获取规则格网的高程值，内插是指根据分布在内插点周围的已知参考点的高程值求出未知点的高程值，它是 DEM 建立的核心问题，如图 9-5 所示。

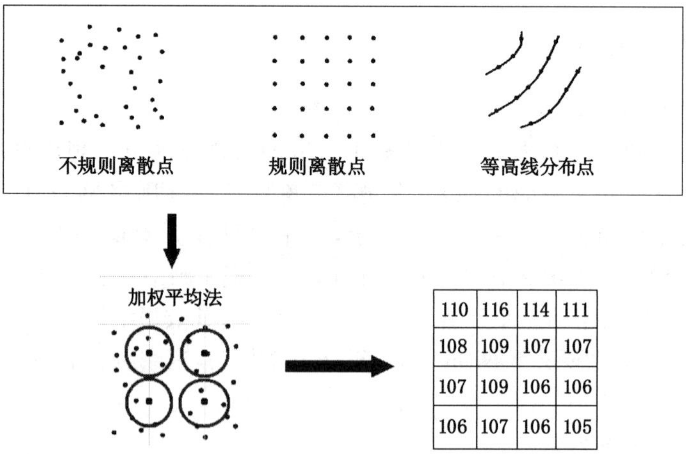

图 9-5 规则格网的构建过程

随着 DEM 的发展和完善，已经提出了多种高程内插方法。根据不同的分类标准，有不同的内插方法分类。例如，按数据分布规律分类，有基于规则分布数据的内插方法、基于不规则分布的内插方法和适用于等高线数据的内插方法等；按照内插点的分布范围，内插方法可分为整体内插、局部内插和逐点内插法；从内插函数与参考点的关系来说，又可分为曲面通过所有采样点的纯二维插值方法和曲面不通过参考点的曲面拟合插值方法；从内插曲面的数学性质来讲，有多项式内插、样条内插、最小二乘配置内插等内插函数；从对地形曲面理解的角度来讲，内插方法有克里金内插、多层曲面叠加内插、加权平均值内插、分形内插等。

下面简要介绍整体内插、局部内插和逐点内插法。

整体内插是指在整个区域用一个数学函数来表达地形曲面。整体内插函数通常是高次多项式，要求地形采样点的个数大于或等于多项式的系数数目。整体内插方法有整个区域上函数存在唯一性、能得到全局光滑连续的 DEM 和充分反映宏观地形特征等优点。但由于整体内插函数往往是高次多项式，它也有保凸性较差、不容易得到稳定的数值解、多项式系数的物理意义不明显、解算速度慢且对计算机要求较高、不能提供内插区域的局部地形特征等缺点。在 DEM 内插中，一般是与局部内插方法配合使用，例如，在使用局部内插方法前，利用整体内插去掉不符合总体趋势的宏观地物特征。另外整体内插也可用来进行地形采样数据中的粗差检测。

局部内插是将地形区域按一定的方法进行分块，对每一分块，根据其地形曲面特征单独进行曲面拟合和高程内插。一般按照地形结构线或规则区域进行分块，分块的大小取决于地形的复杂程度、地形采样点的密度和分布。为保证相邻分块之间的曲面平滑连接，相邻分块之间要有一定宽度的重叠，或者对内插曲面补充一定的连续性条件。这种方法简化了地形的曲面形态，使得每一分块可用不同的曲面表达，同时得到了光滑连续的空间曲面。不同的分块单元可以使用不同的内插函数。常用的内插函数有线性内插、双线性内插、多项式内插、样条函数内插、多层曲面叠加内插等。

逐点内插是以内插点为中心，确定一个邻域范围，用落在邻域范围内的采样点计算内插点的高程值。逐点内插本质上是局部内插，但与局部分块内插不同的是，局部内插中的分块范围一经确定，在整个内插过程中其大小、形状和位置是不变的，凡是落在该块中的内插点，都用该块中的内插函数进行计算，而逐点内插法的邻域范围大小、形状、位置乃至采样点个数随内插点的位置变化而变动，一套数据只用来进行一个内插点的计算。

采用逐点内插法要注意两个问题，一是要选择合适的内插函数，内插函数决定着 DEM 精度、DEM 连续性、内插点邻域的最小采样点个数和内插计算效率。二是要确定内插点邻域，内插点的邻域大小和形状、邻域内参加内插计算的数据点的个数、采样点的权重、采样点的分布、附加信息等不仅会影响到 DEM 的内插精度，也会影响到内插速度。逐点内插法计算简单，内插效率较高，应用比较灵活，是目前较为常用的一类 DEM 内插方法。

在建立 DEM 时，要根据情况选择合适的、运算效率高的方法。众多内插方法并不是排他的，而往往是相互结合使用。

3. 规则格网模型的特点

规则格网模型是最常用的 DEM 表达方式，其优点主要包括：数据结构简单，算法容易实现，便于数据操作和存储。其缺点主要为，由于格网为规则的，其大小不可改变，因此该表达方法在地形起伏较小的地区存在大量的冗余数据，而在地形起伏较大的地区又难以精确地表达地形的关键特征，如山谷、山脊等。因此，如果不改变格网大小，则无法适用于起伏程度不同的地区。

9.3.3 不规则三角网模型

1. 不规则三角网模型的表达

不规则三角网 TIN(triangulated irregular network)利用所有采样点取得的离散数据，按照优化组合的原则，把这些离散点连接成相互连续的三角面。如图 9-6(a)所示为离散的高程点，如图 9-6(b)所示为基于这些离散的点连接成的 TIN。

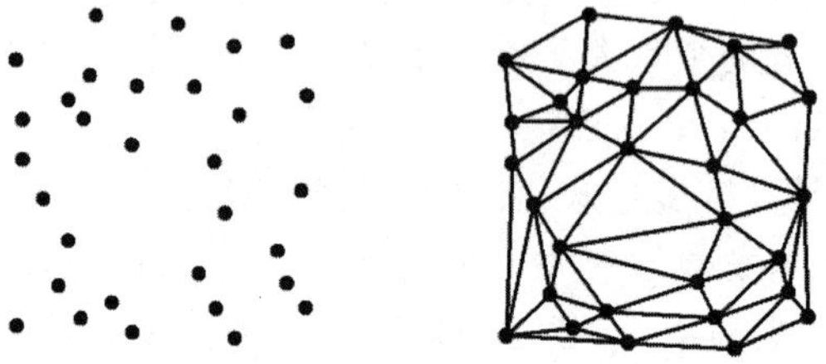

(a) 离散采样点　　(b) TIN

图 9-6　TIN 的模型表达

TIN 结构不仅要存储每个点的记录值，还要存储其平面坐标、结点连接的拓扑关系、三角形及邻接三角形等关系。如图 9-7(a)所示是由 7 个不规则的高程点连接成的 6 个不规则三角形。该 TIN 中，每个点存储了其平面坐标 X、Y，以及该坐标点的属性值，如图 9-7(b)所示，同时按顺时针方向记录了每个三角形的三个顶点和邻接的三角形号，如图 9-7(c)所示。这种数据结构能够很好地描述三角形及其邻接关系，非常适用于需要面相邻关系的操作和分析。

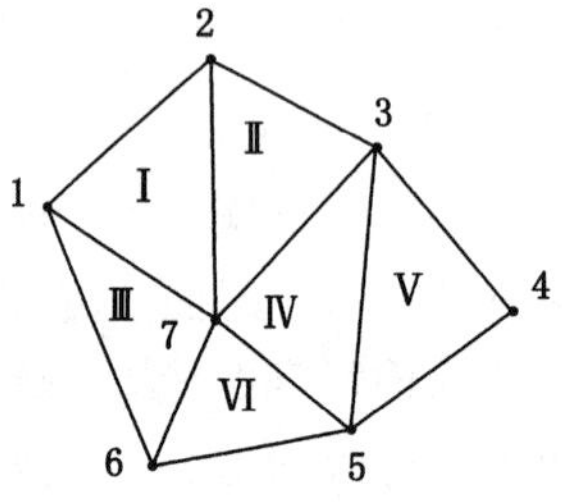

(a)

点ID	x	y	属性
1	x_1	y_1	z_1
2	x_2	y_2	z_2
…	…	…	…
7	x_7	y_7	z_7

(b)

三角形ID	三角形顶点			邻接三角形		
	1	2	3	1	2	3
Ⅰ	1	2	7	Ⅱ	Ⅲ	X
Ⅱ	2	3	7	Ⅳ	Ⅰ	X
…	…	…	…	…	…	…
Ⅵ	6	7	5	Ⅳ	X	69

(c)

图 9-7　TIN 的结构

2. 不规则三角网模型的建立

按照 TIN 的概念，TIN 是由离散点数据按照优化组合的原则构建而成的。这里的优化组合的原则为三角剖分准则，即三角形的形成法则，该法则决定着三角形的几何形状和 TIN 的质量。三角剖分准则如图 9-8 所示。

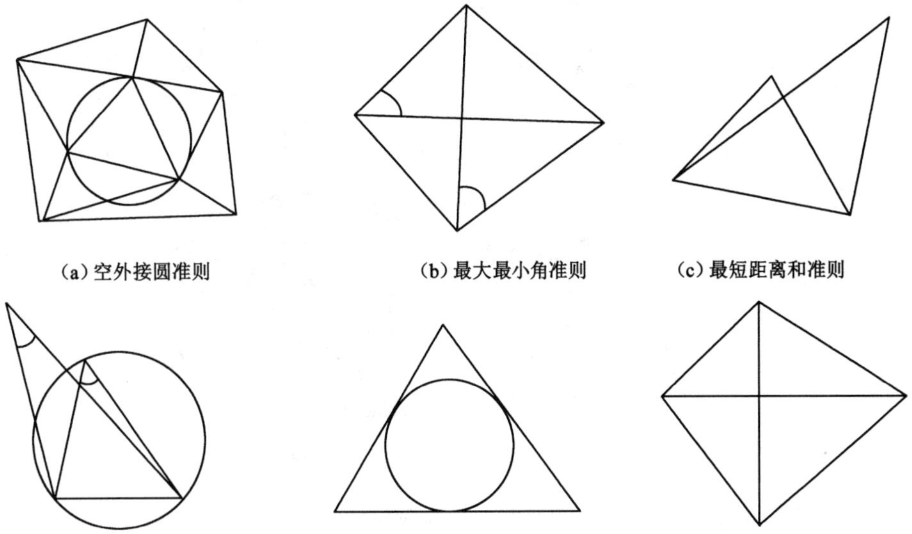

(a) 空外接圆准则　(b) 最大最小角准则　(c) 最短距离和准则

(d) 张角最大准则　(e) 面积比准则　(f) 对角线准则

图 9-8　三角剖分准则

(1) 空外接圆准则：在 TIN 中，每个三角形的外接圆均不包含点集的其余任何点。

(2) 最大最小角准则：在 TIN 的相邻的两个三角形形成的凸四边形中，这两个三角形的最小内角一定大于交换凸四边形对角线后所形成的两个三角形的最小内角。

(3) 最短距离和准则：一点到基边的两端的距离和为最小。

(4) 张角最大准则：一点到基边的张角为最大。

(5) 面积比准则：三角形内切圆面积与三角形面积或三角形面积与周长平方之比最小。

(6) 对角线准则：限定两个三角形组成的凸四边形的两条对角线之比。这一准则的比值限定值需要给定，即当计算值超过限定值才进行优化。

满足前两个准则（空外接圆准则和最大最小角准则）的三角网称为 Delaunay（德洛奈）三角网。

在满足三角剖分准则的条件下，依照三角网生长算法构建 TIN，首先在数据集中任取一点，查找距离此点最近的点，相连后作为初始基线，如图 9-9(a)所示；在初始基线右边应用 Delaunay 法则搜索第三点，如图 9-9(b)所示；生成 Delaunay 三角形，并以该三角形的两条新边作为新的基线，如图 9-9(c)所示；重复前面过程直至所有的基线处理完毕，如图 9-9(d)所示。

3. 不规则三角网的特点

TIN 相比规则格网的优点主要包括：解决了栅格数据中的数据冗余问题；表示不同复杂程度的地面形态效率高，数据精度高，能够充分表达复杂的地形特征，适应起伏不同的地

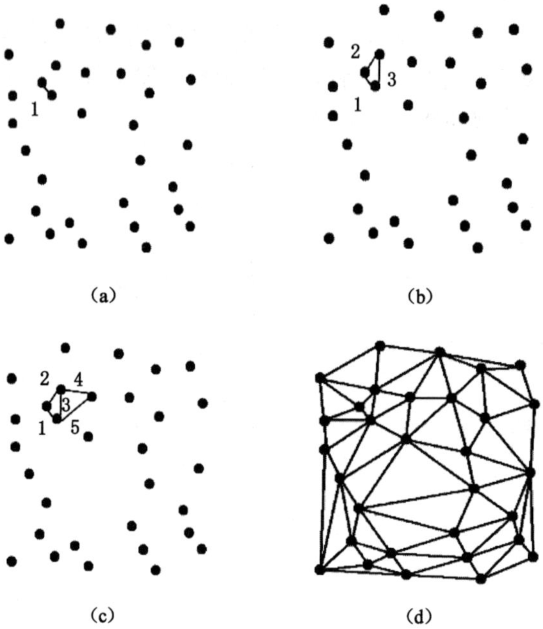

图 9-9　TIN 的构建过程

形。其缺点为算法实现复杂。

相比规则格网，TIN 更适用于大比例尺的精细地形表达，规则格网则适用于大多数情况，尤其是中、小比例尺地形的表达。

不同 DEM 表达方式的比较如表 9-1 所示。

表 9-1　不同 DEM 表达方式的比较

数据模型	规则格网(grid)	不规则三角网(TIN)	等高线(contour)
数据结构	1. 坐标原点 2. 坐标高程值 z_{11} z_{12} … z_{1m} z_{21} z_{22} … z_{2m} … … ⋱ … z_{n1} z_{n2} … z_{nm}	1. 坐标点 x_1, y_1, z_1 x_2, y_2, z_2 … 2. 坐标关系	高程　点数　坐标点 z_1　n_1　$(x_1, y_1), (x_2, y_2), \cdots$ z_2　n_2　$(x_1, y_1), (x_2, y_2), \cdots$ …
主要数据源	原始数据插值	离散数据点	地形图数字化
建模的难易度	易	难	易
数据量	随分辨率而变	较大	很小
表示拓扑能力	一般	很好	差
适合表示的地形	简单的平缓地形	各种复杂地形	简单的平缓地形
适用的比例尺	中、小比例尺	大比例尺	各类比例尺
三维显示	方便	方便	差

9.4　数字地形分析

地形分析是对地形环境认知的一种重要手段,传统的地形分析是基于二维平面地图进行的。从基于纸质地图的地形分析发展到基于数字地图的地形分析,计算机承担了大量的人工计算和绘制工作,地形分析的手段、功能发生了一次飞跃。可视化技术和虚拟现实技术的发展,使得建立三维实时、交互的仿真地形环境成为可能,同时也需要实现三维地形环境中的地形分析。特别是 DEM 的出现和大量应用,使从地形属性中提取各类地形参数和特征因子变得更加简便和准确。

用来描述地形特征和空间分布的地形参数有很多,不同的应用目的、不同的学科和领域对此的理解和分类也不同。本节将综合相关知识,着重介绍基本地形因子分析、DEM 可视性分析、流域分析。

9.4.1　基本地形因子分析

本质上讲,DEM 是地形的一个数学模型,可以看成一个或多个函数的集合。实际上许多地形因子就是从这些函数进行一阶或二阶推导出来的,也有的是通过某种组合或复合运算得到的。基本地形因子包括斜坡因子(坡度、坡向、坡度变化率、坡向变化率等)、面积因子(表面积、投影面积、剖面积)、体积因子(山体体积、挖填体积)和面元因子(相对高差、粗糙度、凹凸系数、高程变异等)。

本小节将阐述一些常用的基本地形因子,方便起见,并从实际应用角度考虑,本小节这些地形因子的计算都是基于格网 DEM 的。

1. 坡度

严格来讲,地表面任意一点的坡度是指过该点的切平面与水平面的夹角,如图 9-10 所示。

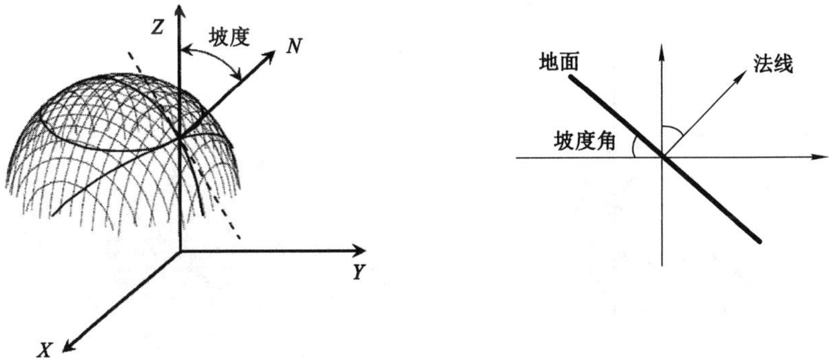

图 9-10　坡度示意图

坡度通常用度来度量,也可以用坡度百分比来表示,如图 9-11 所示。即

$$坡度=\theta$$

$$坡度百分比=\tan\theta*100$$

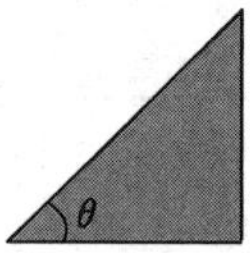

图 9-11　坡度的表示方法

如图 9-11 所示，假设 $\theta=45°$，则有：

$$坡度=45°$$

$$坡度百分比=100$$

如图 9-12 所示为对已知 DEM 进行坡度计算后的分级图。

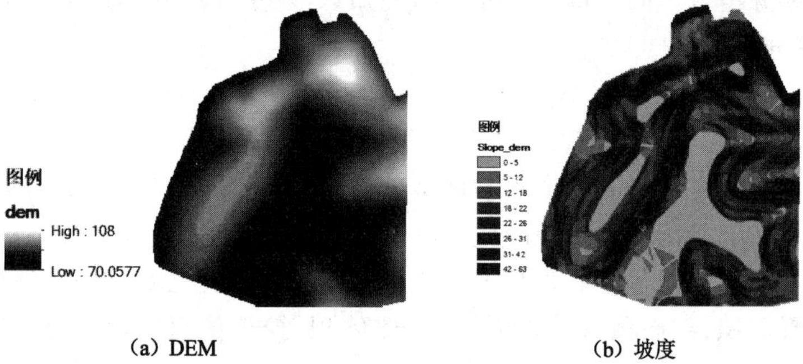

图 9-12　对已知 DEM 进行坡度计算后的分级图

2. 坡向

坡向是地表单元的法向量在水平面上的投影与 X 轴之间的夹角。对于地面任何一点来说，坡向表征了该点高程值改变量的最大变化方向。

在输出的坡向数据中，坡向值有如下规定：正北方向为 0°，按顺时针方向计算，取值范围为 0°～360°。如图 9-13 所示，通常将坡向分成 9 大类。

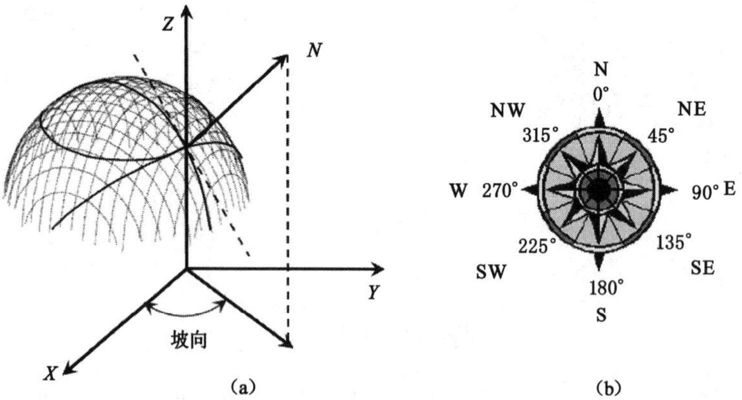

图 9-13　坡向示意图

(1) 平缓坡(−1°)；

(2) 北坡 N(0°～22.5°,337.5°～360°);

(3) 东北坡 NE(22.5°～67.5°);

(4) 东坡 E(67.5°～112.5°);

(5) 东南坡 SE(112.5°～157.5°);

(6) 南坡 S(157.5°～202.5°);

(7) 西南坡 SW(202.5°～247.5°);

(8) 西坡 W(247.5°～292.5°);

(9) 西北坡 NW(292.5°～337.5°)。

如图 9-14 所示为对已知 DEM 进行坡向计算后的分级图。

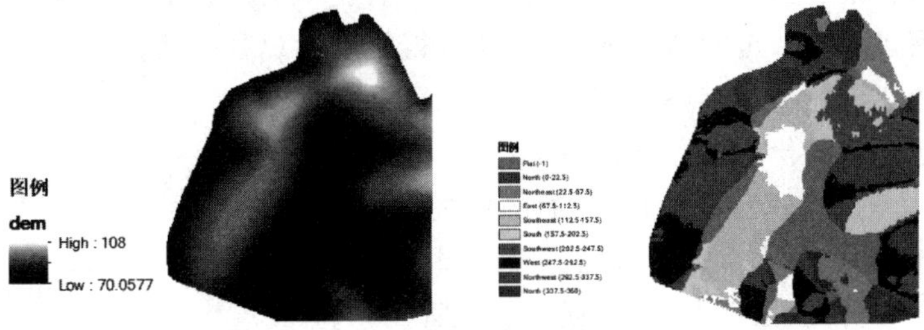

(a) DEM　　(b) 坡向

图 9-14　对已知 DEM 进行坡向计算后的分级图

9.4.2　DEM 可视性分析

可视性分析也称通视分析,实质上它属于对地形进行最优化处理的范畴。如用于设置雷达站、电视台的发射站、道路选择、航海导航等,在军事上用于布设阵地(如炮兵阵地、电子对抗阵地)、设置观察哨所、铺架通信线路等。可视性分析的基本因子有两个:一个是两点之间的可视性;另一个是可视域,即对于给定的观察点所覆盖的区域。DEM 可视性判断算法如图 9-15 所示,其中,0 值代表可见区域,1 值代表不可见区域。

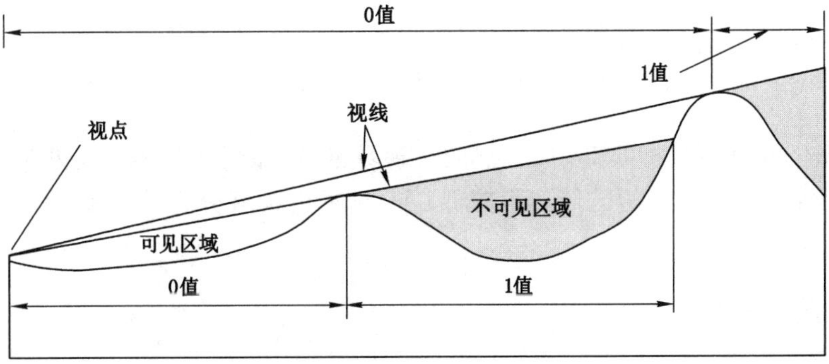

图 9-15　DEM 可视性判断算法

基于栅格 DEM 判断两点间是否通视有多种算法,常用的主要有以下两种。

(1) 比较常见的一种算法的基本思路如下：① 确定过观察点和目标点所在的线段与 XY 平面垂直的平面 S；② 求出地形模型中与平面 S 相交的所有边；③ 判断相交的边是否位于观察点和目标点所在的线段之上，如果有一条边在其上，则观察点和目标点不可视。

(2) 另一种算法是射线追踪法。这种算法的基本思想是，对于给定的观察点 V 和某个观察方向，从观察点 V 开始沿着观察方向计算地形模型中与射线相交的第一个面元，如果这个面元存在，则不再计算。显然这种办法既可以用于判断两点间是否可视，又可以用于限定区域的水平可视计算。

通视问题可以分为五类：

(1) 已知一个或一组观察点，找出某一地形的可见区域。

(2) 欲观察到某一区域的全部地形表面，计算需要的最少观察点数量。

(3) 在观察点数量一定的前提下，计算能获得的最大观察区域。

(4) 以最小代价建造观察塔，要求全部区域可见。

(5) 在给定建造代价的前提下，求最大可见区。

通视可分为点的通视、线的通视和面的通视。

(1) 点的通视：指计算视点与待判定点之间的可见性问题。

(2) 线的通视：指已知视点，计算视点的视野问题。

(3) 区域的通视：指已知视点，计算视点能可视的地形表面区域集合的问题。

在 ArcGIS 中，可通过 3D 分析工具条或者 ArcToolbox 中的通视分析工具分析某区域内两点间的通视情况，在观察点到目标点之间将会出现一条视线，浅色部分代表两点之间可见的地表，深色部分为不可见地表。如果两点之间不通视，中间有个黑点，代表从观察点看目标点，在黑点处的位置被遮挡了。通过左下角处的提示可判断观察点和目标点是否通视，如图 9-16 所示。

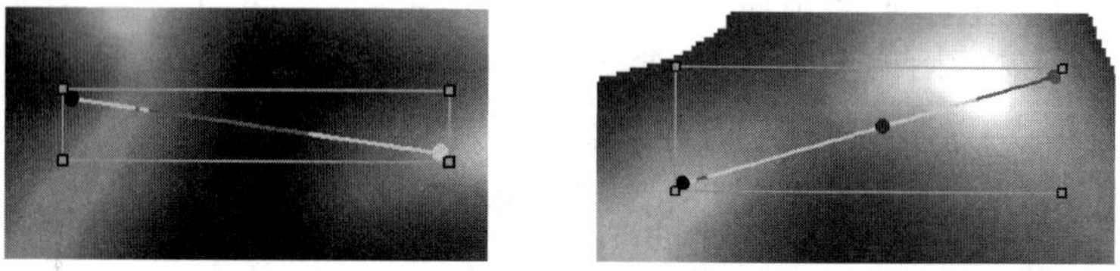

(a) 两点可见　　(b) 两点不可见

图 9-16　ArcGIS 中两点是否通视的示意图

在 ArcGIS 中还可分析 DEM 中某点的可视域范围，如图 9-17 所示，DEM 中颜色较浅的区域高程较高，颜色较深的区域高程较低；在 DEM 的视域分析结果中，浅色部分为可见区域，深色区域为不可见区域。

9.4.3 流域分析

1. 流域定义

降水汇集在地面低洼处，在重力作用下经常或周期性地沿流水本身所造成的槽形谷地流动，形成所谓的河流。河流沿途接纳很多支流，水量不断增加。干流和支流共同组成水系。每一个河流或每一个水系都从一部分陆地面积上获得补给，这部分陆地面积就是河流

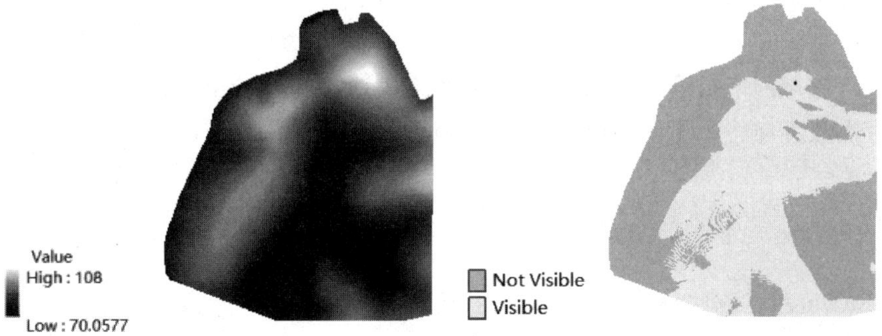

图 9-17　DEM 的视域分析示意

或水系的流域，也就是河流或水系在地面的集水区。把两个相邻集水区之间的高点连接起来的不规则曲线，就是两条河流或水系的分水线，因此，流域也可以说是河流分水线以内的地表范围。高程格网和栅格数据运算可以用于流域分析，以获取流域和河网等在水文过程中非常重要的地形要素。

2. 流域提取

利用格网 DEM 实现流域地形分析，需要顺序执行如下的步骤。

第一步：DEM 洼地填充。由于数据噪声、内插方法的影响，DEM 数据中常常包含一些“洼地”，洼地将导致流域水流不畅，不能形成完整的流域网络，因此在利用模拟法进行流域地形分析时，首先要对 DEM 数据中的洼地进行处理。填充洼地最常用的方法之一是把其单元值加高至周围的最低单元值。

第二步：水流方向确定。水流方向(flow direction)是指水流离开格网时的流向，目前有单流向和多流向两种。但在流域分析中，常是在 3×3 局部窗口中找出 8 个周边单元中一个最陡的坡度。在流域分析中(图 9-18)，水流方向矩阵是一个基本量，这个中间结果要保存起来，后续的几个环节都要用到水流方向矩阵。

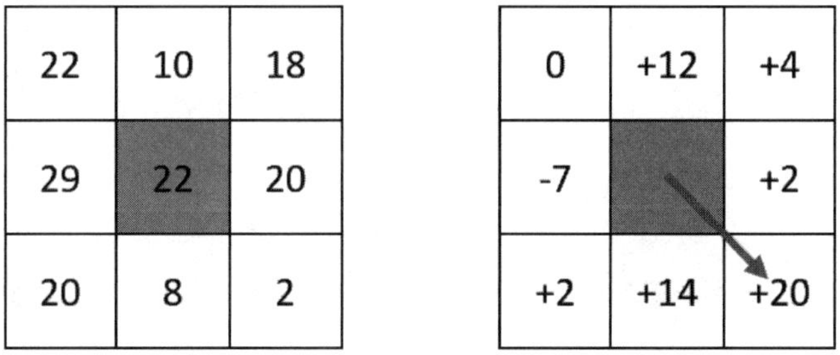

(a) 原始DEM　　(b) 中心单元流向

图 9-18　3×3 窗口中心单元流向确定

第三步：水流累计矩阵生成。水流累计(flow accumulation)矩阵是指流向该格网的所有的上游格网单元的水流累计量(认为格网单元是等权的，以格网单元的数量或面积计)，它是基于水流方向确定的，是流域划分的基础。水流累计矩阵的值可以是面积，也可以是单元数,取决于具体的软件。无洼地 DEM、水流方向矩阵、水流累计矩阵是 DEM 流域分析的 3 个基础矩阵。

第四步:流域网络提取。流域网络是在水流累计矩阵基础上形成的,它是通过所设定的阈值,沿水流方向将高于此阈值的格网连接起来,从而形成流域区域。

思考题

1. DEM 可用在哪些领域?有何应用?请列举具体实例。
2. 简述 DEM 的获取有哪些方法,并讨论每种方法的优缺点。
3. 请发挥想象并举例说明:已知 DEM,我们都可以获得哪些信息,完成哪些事情。
4. 依据等高线数据分别构建 DEM 的规则格网模型和 TIN 模型,并对比两种格式 DEM 的特点,简述它们之间的异同点。
5. 根据构建的 DEM,分析特定视点的可视性,并进行解释说明。

第 10 章　空间数据输出

GIS 是技术，也是艺术！原始采集的空间数据在经历了一系列编辑、处理，以及空间分析等具体应用之后，需要以一种科学的方式呈现出来，这就涉及空间数据的输出问题。空间数据的输出需要的是可视化技术，它将技术与艺术完美融合，在保证输出结果真实、准确的同时，又追求清晰、美观，具有实用性，更具观赏性。因此，GIS 的可视化表达不仅仅是技术的运用，更体现了审美的高度。

10.1　地理信息可视化

科学计算可视化是通过计算机工具、技术和系统，把试验或数值计算获得的大量抽象数据转换为人的视觉可以直接感受的计算机图形图像，从而可进行数据探索和分析。把地学数据转换成可视的图形这一工作对地学专家而言并不新鲜。测绘学家的地形图测绘编制，地理学家、地质学家使用的图解，地图学家专题、综合制图等，都是用图形（地图）来表达对地理世界现象与规律的认识和理解。科学计算可视化与上述经典常规工作的最大区别是科学计算可视化是基于计算机开发的工具、技术和系统，而过去地学中的可视表达和分析是手工或机助的（计算机辅助制图），并把纸质材料作为地图信息存储传输的媒介。

地理信息可视化是运用计算机地图制图技术以及计算机图形学和图像处理技术，将地理信息输入、存储、处理、查询以及输出的数据结果采用图形符号、图形、图像，结合图表、文字、表格等可视化形式显示并进行交互处理的理论、方法和技术。

地理信息系统的可视化可采用 2.5 维、三维和四维等地图表现形式来反映地理客体的多维特征，其中，2.5 维又称假三维，如表示矿床的面层可用等值线或不规则三角网表示，而面上的高程值与任一给定的位置是一一对应的函数关系，不是独立变量。三维形式则是真正的三维立体显示，三维技术可分为基于面表示和基于体表示，其中基于面表示可容易地为地层及其构造提供精确的空间描述，特别是构造复杂地带或岩石断层处，然而这些面仅将地表面以下部分分成许多区域，各区域内的不同地质条件不容易描述；基于体表示则将整体细分成大量的体元（voxels），体元及其变异的一个主要的优点是易于表示异质特征的整个三维分布状况。四维是除了三维立体以外，再增加一维属性值（一般是时间维），GIS 的时间查询能力目前还不常见，但是地理学家可能想对某一时刻的所有地理条件或某一时间段内的平均地理条件进行评价，这时就需要获得不同时刻的数值。为了充分满足这种需要，时间数据获取能力应该与三维模型相结合。例如，在地质科学中用真三维形式反映地下矿体、矿脉（如含油体、含水体、金属矿脉等），这样就能够帮助人们发现用常规手段难以发现的地质现象和矿藏；在大气科学中用四维（真三维＋时间维）形式表示气旋、龙卷风、降水云系的发生、发展和演化过程；在地理学中用四维形式模拟整个河床内洪水的流动、涨落、对河堤的侵蚀，以及决堤后封决口时的水下状况等，这些都具有十分重要的科学价值和明显的实用意义。

10.2 地理信息可视化的原则

随着计算机技术的飞速发展，GIS的功能也在不断提升，地理信息可视化就是将信息隐含的空间数据以更加直观、易于理解的方式呈现出来，增强数据的可读性，丰富信息的展现形式。在地理信息可视化的过程中，需要遵循下列几方面原则。

1. 符号运用

空间对象以其位置和属性为特征。当用图形图像表达空间对象时，一般用符号位置表示图上要素的空间位置，用该符号与视觉变量组合来显示图上要素的属性信息。地图符号系统中的视觉变量包括形状、大小、纹理、图案、色相、色值和彩度。其中，形状表征了图上要素的类别，大小和纹理表征了图上数据之间的数量差别，色相、色值、彩度和图案适合表征标称或定性数据。符号运用应遵循以下原则。

(1) 定位准确性

符号定位的一般准则是准确，保证所示空间对象在逻辑上和美观上的和谐统一，在目标冲突的情况下，应优先保证重要目标的定位准确。在符号定位中，较为特殊的是点状符号的定位，点状要素的符号化会占据一定的图面面积，因此应准确确定符号的定位位置。

(2) 易读性

空间对象的属性可通过符号的视觉变量进行区分。视觉变量包括形状、大小、纹理、图案、色相、色值和彩度。空间对象的属性可通过视觉变量的不同组合来表达，因此，符号的布局、组合和纹理直接影响图面的易读性。

(3) 视觉差异性

视觉上的差异性可以提高符号的分辨能力和识别能力。在符号运用过程中，要尽量使用符号视觉变量的不同组合来提高易读性，但过多的符号差异会导致图面的繁杂，也不利于符号的识别。

(4) 绝对数据与派生数据在制图中符号的配置性

属性数据根据加工与否可分为两类，即原始数据和派生数据。原始数据是通过测量或调查所得到的数据，如人口调查中的一个县的人口数量；而派生数据一般是指经过加工的数据，如人口密度等。对原始数据和派生数据的符号配置需要考虑图形的可比性。这里以人口制图为例进行说明，人口密度是人口数与区域面积的比值，该值不依赖区域的大小。对于人口数相同而面积不同的两个区域来说，其人口密度就不同，如果用等值区域图以人口数量来进行制图，则区域面积的大小差异会严重影响图形的可比性。因此，一般建议等值区域图用来进行派生数据的表达，而分级符号图用来进行原始数据的制图。

2. 颜色运用

在色彩运用的过程中，首先必须理解色彩的三个属性，即色相、色值和彩度。

色相又称色别，是一种色彩得以与另一种色彩相区别的性质，如红色与绿色即为不同的色相。色相也可定义为组成一种颜色的光的主波长。一般将不同的色相与不同类型的数据联系起来。色相如图10-1(a)所示。

色值是一种颜色的亮度或暗度，黑色为低值而白色为高值。在一幅地图上，通常较暗

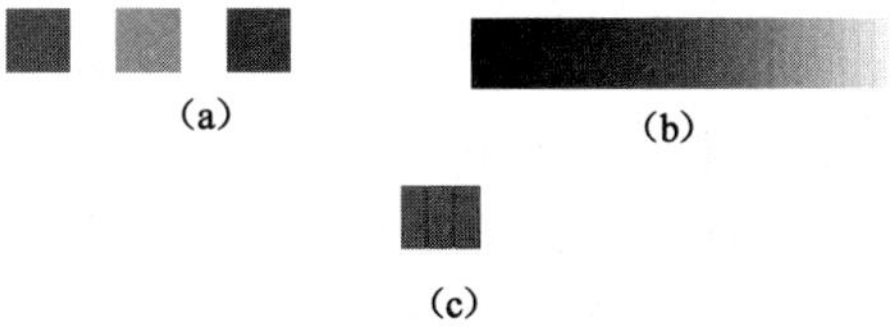

图 10-1　色彩的三个属性

的符号更重要。色值如图 10-1(b)所示。

彩度又称之为饱和度或强度，是一种颜色的丰富程度或鲜明程度。完全饱和的颜色为纯色，而低饱和度的颜色则偏灰。通常，颜色饱和度越高的符号其视觉重要性也越大。彩度如图 10-1(c)所示。

同时地图上色彩的运用要遵循以下几方面原则。

(1) 感情色彩

色彩与人的情感有广泛的联系，而不同民族的文化特点和背景又赋予色彩以各自的含义和象征。制图中要充分考虑人的感情色彩和情绪，以使效果更人性化。

(2) 习惯用色

在长期的研究实践中，制图人员总结出一系列的习惯用色，有的已约定成俗，有的已形成规范。数据表达中，要充分考虑人们在长期阅图中形成的习惯和专业背景。例如，人们习惯用蓝色表示水系，用绿色表示植被等。

(3) 色彩方案

色相是适于表征定性数据的视觉变量，而色值与彩度则更适合表征定量数据。定性数据属于标称数据(nominal data)，而定量数据则属于需用排序(ordinal)、区间(interval)和比率(ratio)等尺度来量度的数据。对一幅定性地图而言，找到 10 种或 15 种易于相互区别的颜色并不难。如果一幅地图需要更多种颜色，则可将另一种定性的视觉变量——图案或者文字，与颜色组合在一起形成更多的地图符号。色彩的配置方案主要是通过色相、色值和彩度的综合运用来表达不同制图对象的属性信息，分类如下。

① 按色彩：单变量、双变量、三变量；

② 按变量：定性方案、二元方案、顺序(序列)方案、分支方案。

3. 注记运用

每幅地图都需要用一定的文字或者注记来标记制图要素，制图者把字体当作一种地图符号，因为与点状、线状、面状符号一样，字体也有多种类型。运用不同的字体类型表征出悦目和谐的地图是制图者所面临的一项重要任务。

字体在字样、字形、大小和颜色方面变化多样。字样指的是字体的设计特征，而字形指的是字母形状方面的不同。字形包括了在字体重量或笔画粗细(粗体、常规或细长体)、宽度(窄体或宽体)、直体与斜体(或者罗马字体与斜体)、大写与小写等方面的不同变化。

(1) 字体变化：字体变化可以像视觉变量一样在地图符号中起作用。字样、字体颜色、罗马字体或斜体等方面的差异适合表现定性数据，而字体大小、字体粗细和大小写等方面的差异则更适合表现定量数据。例如，在一幅显示城市不同规模的地图上，一般是用大号、粗体和大写字体表示最大的城市，而用小号、细体和小写字体表示最小的城市。

(2) 字体类型:在选择字体类型的时候要考虑可读性、协调性和传统习惯。注记的可读性必须与协调性相平衡。注记的功能就是传达地图内容,因此注记必须清晰可读但又不能吸引过多的注意力。通常可以通过在一幅图上只选用一两种字样,并选用一些字体变化用于标注不同要素或符号来取得协调美观的效果。例如,在制图对象的主体中较少采用修饰性字体,但在图名和图例等部分习惯用修饰性字体。已经形成的习惯有:水系要素用斜体,行政单元名称用粗体,并且名称按规模大小有字体大小的区分,太多的字体类型会使图面显得不协调。

(3) 字体摆放:地图上文字或标注的摆放与字体变化的选择同样重要。一般遵循以下规则:文字摆放的位置应能显示其所标识空间要素的位置和范围。点状要素的名称应放在其点状符号的右上方;线状要素的名称应以条块状与该要素走向平行;面状要素的名称应放在能指明其面积范围的地方。

4. 专题图图面配置

专题图是突出表示一种或几种自然现象和社会经济现象的地图,按内容可分为三大类:自然地图、社会经济地图和其他专题地图。

一幅完整的专题图包括图廓、图名、图例、比例尺、指北针、制图时间、坐标系统、主图、副图、符号、注记、颜色、背景等内容。图面配置应该主题突出、图面均衡、层次清晰、易于阅读,以求美观和逻辑的协调统一而又不失人性化。

(1) 主题突出:制图的目的是通过可视化手段来向人们传递空间信息,因此在整个图面上应该突出所要传递的内容,即地图主体。制图主体的放置应遵循人的心理感受和习惯,必须有清晰的焦点,以吸引读者的注意力。焦点要素应放置于地图光学中心的附近,即图面几何中心偏上一点,同时在线画、纹理、细节、颜色的对比上要与其他要素有所区别。

(2) 图面平衡:图面是以整体形式出现的,而图面内容又是由若干要素组成的。图面设计中的平衡,就是要按照一定的方法来确定各种要素的地位,使各个要素显示得更为合理。图面布置得平衡不意味着将各个制图要素机械性地分布在图面的每一个部分,尽管这样可以使各种地图要素的分布达到某种平衡,但这种平衡淡化了地图主体,并且使得各个要素无序。图面要素的平衡安排往往无一定之规,通过不断的反复试验和调整才能确定。一般不要出现过亮或过暗、偏大或偏小、太长或太短、与图廓太紧等现象。

(3) 图形与背景:图形在视觉上更重要一些,距读者更近一些,具有形状、令人感受深刻的颜色和具体的含义。背景是图形背景,以衬托和突出图形。合理地利用背景可以突出主体,增加视觉上的影响和对比度,但背景太多会减弱主体的重要性。对于图形与背景并不是简单地决定应该有多少对象和多少背景,而是要将读者的注意力集中在图面的主体上。例如,如果在图面的内部填充的是和背景一样的颜色,则读者就会分不清陆地和水体。

(4) 层次清晰:是指将三维效果或深度引入制图的视觉设计与开发过程,它根据各个要素在制图中的作用和重要程度,将制图要素分别置于不同的视觉层次中。视觉层次一般可通过插入、再分结构和对比等方式产生。

如图 10-2 所示为黑龙江科技大学校园示意图,该图突出表现了学校内部的空间位置信息。鉴于校园形状的特点,对图例、指北针等位置进行整合,从而达到了主题突出、图面平衡的效果。

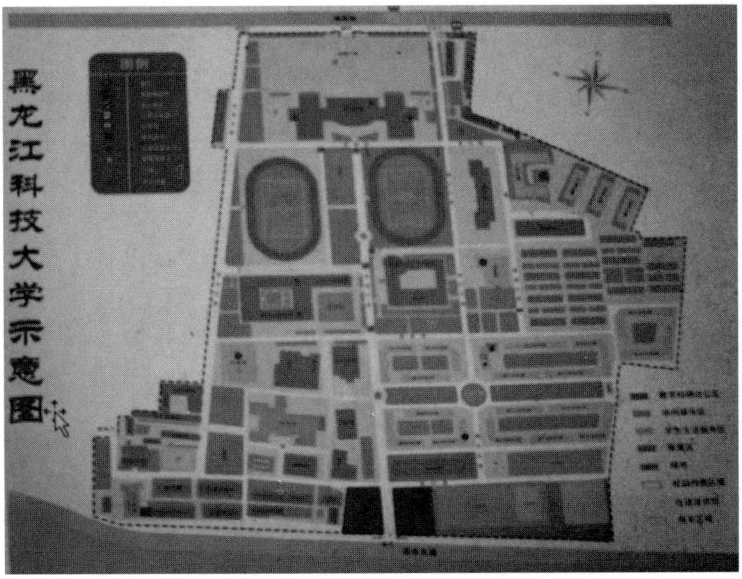

图 10-2　黑龙江科技大学校园示意图

5. 专题图内容的一般安排

(1) 主图

主图是地图图幅的主体,应占有突出位置及较大的图面空间。主图的图面配置应注意以下几个方面。

① 在区域空间上,要突出主区与邻区是图形与背景的关系,增强主图区域的视觉对比度。

② 主图的方向一般按惯例定为上北下南。但在一些特殊情况下,可考虑与正常的南北方向做适当偏离,并配以明确的指向线。

③ 移图。当制图区域的形状、地图比例尺与制图区域的大小难以协调时,可将主图的一部分移到图廓内较为适宜的区域。

④ 重要地区扩大图。对于主图中专题要素密度过高,难以正常显示专题信息的重要区域,可适当采取扩大图的形式处理。扩大图的表示方法应与主图一致,可根据实际情况适当增加图形数量。扩大图一般不标注方向及比例尺。

(2) 副图

副图是补充说明主图内容不足的地图,如主图位置示意图、内容补充图等。一些区域范围较小的单幅地图,用图者难以明白该区域所处的地理位置,需要在主图的适当位置配上主图位置示意图,它所占幅面不大,却能简明、突出地表现主图在更大区域范围内的区位状况。内容补充图是把主图上没有表示但却又是相关或需要的内容,以副图形式表达,如地貌类型图上配一幅比例尺较小的地势图,地震震中及震级分布图上配一幅区域活动性地质构造图等。

(3) 图名

图名的主要功能是为读者提供地图的区域和主题的信息。表示统计内容的地图,还必须提供清晰的时间概念。图名应直观地展现地图的主题,应当简练、醒目。

（4）图例

图例应尽可能集中在一起，经常都被置于图面中的某一角。为避免图例内容与图面内容的混淆，被图例压盖的主图应当镂空。只有当图例符号数量很大，难以集中安置时，才可将图例分成几部分，并按读图习惯，从左到右有序排列。对图例的位置、大小、图例符号的排列方式、密度、注记字体等的调节，还会对图面配置的合理与平衡起重要作用。

（5）比例尺

比例尺一般被安置在图名或图例的下方。地图上的比例尺，以直线比例尺的形式最为有效、实用。但在一些区域范围大、实际的比例尺已经很小的情况下，如一些表示世界或全国的专题地图，甚至可以将比例尺省略。因为这时地图所要表达的主要是专题要素的宏观分布规律，各地域的实际距离等已经没有多少价值，更不需要进行什么距离方面的量算。放置了比例尺，反而有可能会得出不切实际的结论。

（6）统计图表与文字说明

统计图表与文字说明是对主题的概括与补充比较有效的形式，能充实地图主题、活跃版面，因此有利于增强视觉平衡效果。在图面组成中只占次要地位，数量不可过多，所占幅面不宜太大。

（7）图廓

单幅地图一般都以图框作为制图的区域范围。挂图的外图廓形状比较复杂。桌面用图的图廓都比较简练，有的就以两根内细外粗的平行黑线显示内外图廓。有的在图廓上有经纬度分划注记，有的为检索方便而设置了纵横方格的刻度分划。

10.3 地理信息可视化的表达方式

空间数据可视化的表现形式多种多样，在表示这些地物对象时，除了显示空间位置以外，同时还可以以特定的方式显示某个或多个相关的属性，生成专题地图，本节主要介绍一些专题信息的表现形式。

10.3.1 专题信息表达

1. 地图符号

地图符号是表示专题地图内容的基本手段，是地图的图形语言，它由形状不同、大小不一、色彩有别的图形和文字组成。单个符号可以表达事物的空间位置、大小、数量特征等，多个符号组合起来则能反映事物之间的相互关系及总体特征，由此可见，地图符号是表达地理现象的重要工具。

地图符号不仅能表示事物的空间位置、形状、质量和数量特征，而且可以表示各事物之间的相互联系及区域总体特征。图形符号由形状、尺寸和颜色三个基本因素组成，具有系统化的特点；注记是地图符号的一个重要部分，它也有形状、尺寸和颜色的区别。根据事物分布的特点，地图符号有面状、点状和线状之分。

（1）点状符号：是一种不依比例尺表示的小面积事物（如油库、商厦等）和点状地物所采用的符号。点状符号尺寸较小，且图形固定，常用形状与色彩来反映要素的定性和分类，用尺寸来反映要素的等级和数量。

(2) 线状符号:是一种表达呈线状或带状延伸分布事物的符号,具有定位特征,能表示事物的分布位置。其长度能按比例尺表示,而宽度一般不能按比例尺表示,需要进行适当的夸大。线状符号的形状和颜色能够表示事物的质量特征,其宽度往往反映事物的等级或数值,如河流、道路、边界线等。

(3) 面状符号:是指在平面图上各个方向都必须依比例尺表示的符号,通常用来表示呈面状分布的空间地物对象实体,如湖泊、森林、沼泽等。面状符号用轮廓线表示事物的分布范围,其形状与事物的平面图形相似,在轮廓线内加绘颜色或说明符号以表示它的性质和数量,并可以从图上量测其长度、宽度和面积。

地图是运用易被人们感受的图形符号来表示地面景物的,使用符号具有以下功效。

(1) 有选择地表示地理环境中的主要事物,因而在较小比例尺的地图上所表现的地面情况,仍能一目了然、重点突出。对于那些由于缩小而不能按比例尺表示的重要地面景物,可用不依比例的符号夸大表示。

(2) 用平面的图形符号表示地面的起伏状况,也可以说是在二维平面上,能够表达出三维空间状况,而且可以量测其长度、高度和坡度等。

(3) 除了用符号表示出地面景物的外形以外,还能表示出景物的看不见的本质特征,如在海图上可以表示出海底地形、海底地质、海水的温度和含盐度等。

(4) 用符号可以表示出地面没有外形的许多自然和社会经济现象,如气压、雨量、政区和人口移动等。此外还可以表现出事物间的联系和制约关系,如森林分布和木材加工工业之间的联系。地图上还有起说明作用的文字和数字,它们也是地图的重要组成部分,用于标明地面景物的名称、质量和数量。

2. 专题内容的表示方法

专题地图在表示专题要素的分布、质量和数量特征以及动态变化时,形成了许多表示法:质底法、范围法、点值法、符号法、动线法、统计图法等。

质底法,由于广泛应用各种颜色,所以有时称之为底色法。制图时,首先按现象的性质进行分类或分区,制成图例,在地图上绘出各分类界线,然后把同类现象或属于同一区划的现象绘成同一颜色或同一的晕纹。这种方法可以用于表示地表面上的连续面状现象(如气象现象)、大面积分布的现象(如土壤覆盖)或大量分布的现象(如人口)。

范围法又名区域法,用于表示某种现象在一定范围内的分布情况。范围法分为精确范围法和概略范围法,前者有明确的界线,可以在界线内着色或填绘晕纹或文字注记;后者可用虚线、点线表示轮廓界线,或不绘轮廓界线,只以文字或单个符号表示现象分布的概略范围。

点值法是在图上用小点表示现象分布和数量的,适用于表示分布不均匀的现象,从图上点的疏密程度就可看出现象的集中或分散的程度。布点时,要确定点的大小及其代表的值,在最稠密的地方,点可以近于紧接但不能重叠;在最稀疏的地方,也应有点的表示;在其他地方,则依比例显示出点的疏密。点值法是质底法和范围法的进一步发展。

符号法就是用各种不同形状、大小和颜色的符号表示现象的分布及其数量特征和质量特征的。通常以符号的大小表示数量的差别,形状和颜色表示质量的差别,将符号绘在现象所在的位置上。

动线法一般用箭形符号表示现象的运动路线和方向,如人口迁移路线、洋流和货运路线等。箭头和箭体上部的方向应保持一致,箭头的两翼应保持对称。箭形的粗细或宽度可表示洋流的速度强度或货运的数量;箭形的长短可表示风向、洋流的稳定性;首尾衔接的箭形可表示运动的路线。动线法用于表示面状事物的移动。

统计图法一般根据编图区域内各区划单位或典型地点的统计资料,用地图形式将其表达出来,可以分为图形统计图法、分级统计图法和定位统计图法三种。

10.3.2 DEM 信息表达

1. DEM 可视化概述

地形可视化的概念是在 20 世纪 60 年代以后随着地理信息系统的出现而逐渐形成的。DEM 虽然实现了地形表面的数字化表达,但信息隐含,地形可读性较差,需要一种技术来增强 DEM 的地形表达效果,将符号或数据转化为直观的几何图形,这种技术就是 DEM 地形可视化技术,即以 DEM 为基础实现对地形的直观表达。三维地形可视化的基础是高质量的 DEM 数据和成熟的三维显示技术,前者影响地形可视化的数据源精度,后者影响地形可视化的速度和效果。另外,为增强地形可视化的信息量、实用性和真实性,通常还要在地形上叠加各类地表的纹理及信息要素,如建筑物、道路、河流等。

与传统的地形表达方式相比,DEM 能以更多的方式显示地形信息,地形可视化分类如图 10-3 所示。

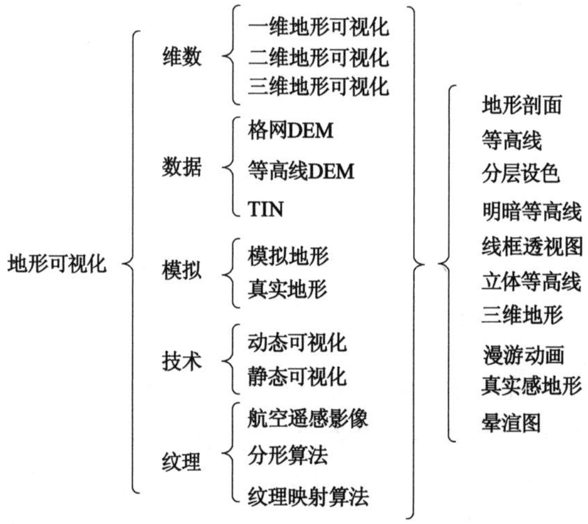

图 10-3　地形可视化分类

(1) 从维数上来分,地形可视化可分为一维地形可视化、二维地形可视化和三维地形可视化,如图 10-4 所示。一维地形可视化一般是指地形断面,即通过图形方式反映地形在给定方向上的起伏特征;二维地形可视化是将三维地形表面投影到二维平面,并用约定的符号进行表达,根据所采用的方式,二维地形可视化又有写景法、等高线法、分层设色法、明暗等高线、半色调符号表达等;三维地形可视化试图通过计算机模拟的手段来恢复真实地形,包括线框透视、地貌晕渲、地形逼真显示、多分辨率地形模型等。

(2) 从数据源的角度来看,地形可视化可分为基于等高线 DEM、基于格网 DEM 和基

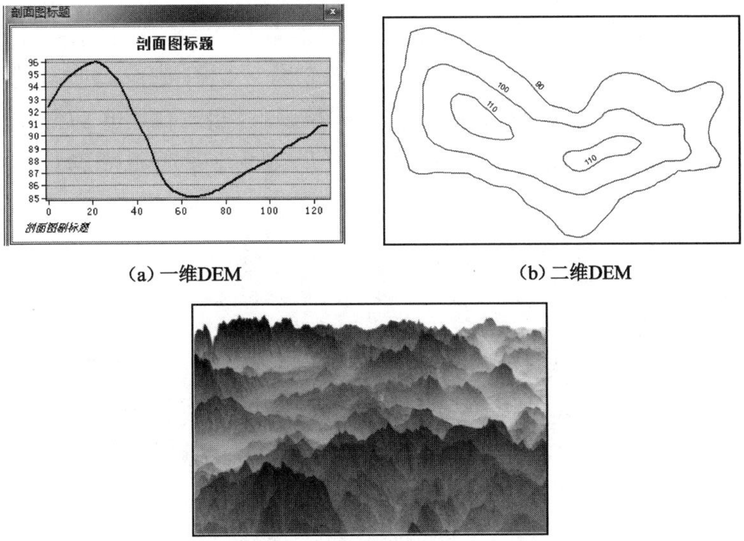

(a) 一维DEM　　(b) 二维DEM

(c) 三维DEM

图 10-4　一维、二维、三维地形示意

于不规则三角网(TIN)三类。不同 DEM 类型可实现上述一维、二维和三维地形可视化的内容,但应用范围、实现方式有所不同。TIN 模型能较好地顾及地形结构线,真实地反映出地形基本特征,但是数据结构较为复杂,一般适合小区域的地形可视化和地形特征计算。规则格网 DEM 的数据结构简单、操作方便,且易于与遥感影像集成,可较好地显示大区域宏观地形特征。

(3) 从技术角度来看,地形可视化有静态可视化和交互式动态可视化两种。静态可视化是将整个地形范围以二维或三维图形图像形式显示成一幅图像;而对于较大的地区或较长的路线,既需要把握局部地形的详细特征,又需要观察较大的范围以便获取地形全貌,这时就需要利用计算机动画技术,即利用三维动态可视化技术实现交互式的地形浏览。

(4) 从地形模拟角度来看,地形可视化有真实地形和模拟地形两类。真实地形是现实世界中真实地形的再现,具有非常高的真实度,一般是基于 DEM 实现的,这种方法具有精度高、结构复杂、图形生成速度慢的特点。如果在地形可视化过程中对地形的逼真性要求不高,而只需要满足感官上的要求,就可采用模拟地形,即随机生成地形高程数据或采用分形法生成地形,这种方法生成的地形比较美观,速度也快,但不能和客观地形一一对应。

(5) 从纹理角度来看,地形可视化有基于分形的地形可视化、基于遥感影像的地形可视化和基于纹理影像的地形可视化三类。这些方法在实现过程上比较类似,但因为地形纹理来源不同,所以它们的纹理匹配和几何变换过程稍有区别。

2. DEM 可视化表达

DEM 中隐含着丰富的地形信息,包括宏观地形因子和微观地形因子。将 DEM 进行可视化表达以后,大大丰富了地形信息,同时增强了信息的可读性和真实性。DEM 可视化表达方式有很多,如等值线法、地形晕渲法、剖面图法等。

(1) 等值线法

等值线又称等量线，表示在相当范围内连续分布而且数量逐渐变化的现象的数量特征。用连接各等值点的平滑曲线来表示制图对象的数量差异，如等高线、等深线、等温线、等磁线等。等高线是表示地面起伏形态的一种等值线。它是把地面上高程相等的各相邻点相连所连成的闭合曲线，垂直投影在平面上的图形。一组等高线可以显示地面的高低起伏形态和实际高度，根据等高线的疏密和图形，可以判断地形特征和斜坡坡度。等值线示意如图 10-5 所示。

图 10-5　等值线示意

(2) 地形晕渲法

晕渲法也叫阴影法，它用深浅不同的色调表示地形起伏形态，按光源的位置分为直照晕渲、斜照晕渲和综合光照晕渲；按色调分为墨渲和彩色晕渲。晕渲法的基本思想为：一切物体只有在光的作用下才有立体感。由于光源位置不同，所以照射到物体上产生的阴影也不同，其立体效果也就不同。地貌晕眩效果如图 10-6 所示。

图 10-6　地貌晕眩效果

(3) 剖面图法

剖面是指地面沿某一方向的垂直截面(或断面),剖面图包含地形剖面图和地质剖面图等。地形剖面图是为了直观地表示地面上沿某一方向地势的起伏和坡度的陡缓,以等高线地形图为基础转绘成的。它沿等高线地形图某条线下切而显露出地形垂直剖面,从地形剖面图上可以直观地看出地面高低起伏状况。剖面效果如图10-7所示。

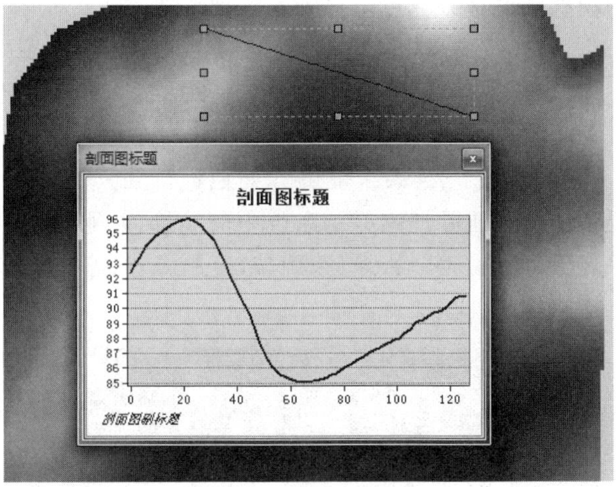

图10-7　剖面效果

10.3.3　三维信息表达

1. 地形三维表面模型

地形三维表面模型是在三维线框模型的基础上,通过增加面、表面特征、边的连接方向等信息,实现对三维表面的以面为基础的定义和描述,可满足面面求交、线面消除、明暗色彩图等应用需求。三维表面模型用有向边所围成的面域来定义形体表面,由面的集合来定义形体。

2. 空间信息的三维建模

尽管摄影测量与遥感和计算机视觉等领域在多源影像数据利用和自动三维重建方面取得了长足进步,特别是激光扫描技术、干涉雷达测量技术和高分辨率卫星图像技术等的应用,为大范围三维场景模型的快速获取提供了可能,但在GIS中,空间三维信息的直接获取是一件非常困难的事情。由于各种应用的要求不同,多种途径的三维信息获取技术混合使用的状况将会延续相当长的时间。

(1) LOD模型

LOD(level of detail)模型,是指对同一个场景中的物体采用具有不同细节水平(或称精细程度)的一系列模型。它广泛使用于控制场景的复杂程度并加速三维复杂场景的实时可视化描绘中。其类似于栅格影像数据处理中的多分辨率概念,即影像金字塔。

(2) 多分辨率建模方法

根据不同细节层次建模需要,可以分别采用以下不同的数据源和建模策略重建三维场景模型。

① 根据 DEM 重建逼真的地形表面形态，通过叠加正射影像数据生成真实感很强的虚拟景观。

② 直接使用 CAD、3DS、3DMAX 等设计数据，逼真表示规划设计成果的精细结构和材质特征。这种方法可以达到较高水平的细节程度。

③ 利用摄影测量、激光扫描或其他地面测量手段采集的三维编码数据和实际影像纹理逼真表示建筑景观的现状。这种方法可以达到各种细节水平。

④ 根据建筑物的底部边界线和相应的高度属性进行三维重建，表面纹理则可以采用纹理材质数据库中的简单数据直接生成。该方法主要用于表现较低细节水平的景观轮廓特征。

如图 10-8 所示，"智慧矿山"三维系统能够方便地进行场景的更新和维护，依据矿山企业整体全面的管理要素增添或删除三维显示系统中的场景，并能在三维场景中快捷地查找相应的各种模型对象，还可以进行移动、缩放、旋转、复制、删除等操作。

图 10-8 "智慧矿山"三维场景效果示意

3. 三维虚拟现实技术

虚拟现实(VR)是计算机生成的集视觉、听觉、触觉等为一体的三维虚拟环境。用户借助特定装备(如数据手套、头盔等)以自然方式与虚拟环境交互作用、相互影响，从而获得与真实世界等同的感受以及在现实世界中难以经历的体验。随着三维信息的应用和计算机图形学技术的发展，地理信息三维表示不仅追求普通屏幕上通过透视投影展示的真实感图形，而且具有强烈沉浸感的虚拟现实真立体展示日益成为主流技术之一。

VR 的基本特征包括多感知性、自主性、交互性、临场性。VR 技术强调身临其境感或沉浸感，其实质在于强调 VR 系统对介入者的刺激在物理上和认知上符合人长期生活所积累的体验和理解。VR 系统把地理空间数据组织成一组有结构、有组织的具有三维几何空间的有序数据，使得 VR 世界成为一个有坐标、有地方、有三维空间的世界，从而与现实世界中可感知、可触摸的三维世界相对应。

4. 三维动态漫游

三维景观的显示属于静态可视化范畴，在实际工作中，对于一个较大的区域或者一条较长的路线，有时既需要把握局部地形的详细特征，又需要观察较大的范围，以获取地形的全貌。一个较好的解决方案就是使用计算机动画技术，使观察者能够畅游于地形环境中，从而能够从整体和局部两个方面了解地形环境。

如图 10-9 所示，在“智慧矿山”系统中，用户可以在井上的工业广场、建筑物内部以及井下的泵房、变电所、工作面等重点区域进行漫游，从而能够在逼真的虚拟环境中得到切身体验。

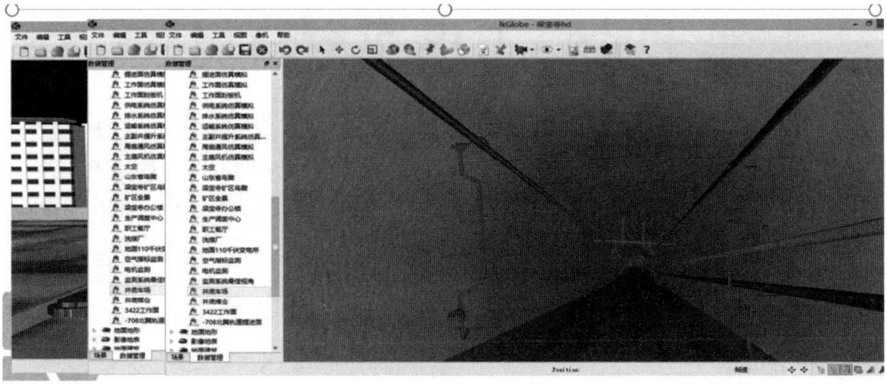

图 10-9　智慧矿山动态漫游示意

随着三维 GIS 的广泛应用，提供统一的三维数据标准及规范以及对三维数据共享和互操作的支持成为广大三维 GIS 用户日益迫切的需求。目前，新一代三维 GIS 技术在国家标准《地理空间数据库访问接口》(GB/T 30320—2013)的基础上已经实现了三维数据读写访问接口的扩展，为多源异构三维数据提供了统一的入口。同时，随着《空间三维模型数据格式》(T/CAGIS 1—2019)以及《空间三维模型数据服务接口》(T/CAGIS 2—2020)等团体标准的发布，将更进一步推动倾斜摄影模型、激光点云、BIM(建筑信息模型)、三维场等多源异构三维数据的融合以及多种软硬件环境的兼容，从而能够打通数据隔阂，实现三维地理空间数据的共享和深入应用。

思考题

1. 阐述地理信息可视化的概念和意义。
2. 地理信息可视化需要从哪些方面遵从哪些原则？
3. 请用自己的语言阐述什么是专题图。
4. 请查阅资料，举例探讨地理信息的可视化表达方式。
5. 运用 DEM 数据在 ArcScene 中绘制“GIS 山水画”，辅助要素请自行添加。

第 11 章 GIS 平台与实践

GIS 理论具有学科交叉的特性，GIS 应用可以在众多领域发挥价值，为具体行业提供数据的采集、编辑、存储、分析和输出的技术支撑，如矿山 GIS、林业 GIS、国土 GIS、交通 GIS 等。本章主要围绕矿山 GIS 展开讲解。

11.1 矿山 GIS 的概念

矿山地理信息系统(mine geo-information system，MGIS)是将 GIS 应用于矿山的区域性地理信息系统，利用 GIS 强大的地学分析功能和辅助决策功能，为矿山生产、设计、规划等提供强有力的支持。它是以计算机为基础，应用测量、摄影测量与遥感等技术采集信息，并通过机助制图和图像处理等手段，紧密结合矿山的空间与资源特征构建起来的一种地理信息系统，具有对矿山资源与环境信息进行采集、存储、处理的能力，包含矿区数据库及软件系统，可实现对信息的查询检索、综合分析、动态预测和评价、信息输出等，从而为矿区环境工程和矿产资源开发管理提供了科学依据。MGIS 是矿山管理、决策现代化的重要标志，是为适应矿山生产发展的需要而开发的一种现代信息管理系统。MGIS 既具有 GIS 的一般特征，又具有矿山生产和管理的独特特征。

11.2 矿山 GIS 的发展

目前，矿山地理信息系统在我国各类各级矿山中日益受到重视，它对我国矿山开采业的发展将起到越来越大的推动作用。

21 世纪初期以来，随着计算机技术的飞速发展，在该阶段主要采用面向对象的思想，完全基于当时最新的网络技术、数据仓库与先进开发工具开发煤矿系统。如原同煤集团研发的地测地理信息系统，该系统采用当时主流的软件开发技术(如 ASP. NET、C＃. NET、ADO. NET、VC＋6. 0、PB 等)，选择 SQL Server 数据库语言来设计数据管理系统。该系统和国内当时现有的煤矿系统相比，系统集成地质、测量、储量、水文等数据进行一体化管理，实现了信息资源整合与共享，专题图形绘制专业化、实用化、自动化，基于 WebGIS(万维网地理信息系统)管理起来十分方便，并且符号设计符合标准规范。此外，还有北京大学遥感与地理信息系统研究所与北京龙软科技发展有限公司联合研制的地测空间管理信息系统(RGIS)，该系统是在充分分析国内外矿山计算机应用现状的基础上，吸取当时最新的组件式地理信息系统(GIS)、计算几何、矿山各领域专题研究的理论和方法，根据煤矿生产的具体特点量身设计，并在 Windows 环境下利用面向对象的编程技术(Visual C＋＋)研制而成的具有我国自主知识产权的煤矿地测专用空间或地理信息系统。

在 21 世纪初期，GIS 在矿井三维可视化应用方面的研究还不成熟，矿山三维 GIS 在三维建模、可视化、三维交互操作等功能上并没有取得实质的突破，与国外矿山软件有较大差距。十几年来，随着科学技术的不断发展，三维技术和虚拟现实技术已广泛应用于 3D GIS 之中，3D GIS 逐渐发展成熟，矿山三维 GIS 在这一阶段逐渐建立起来，如基于 ArcGIS Engine 的矿山三维地理信息系统、Skyline 三维矿山地理信息系统、三维数字矿山综合管理系统、将 SuperMap 三维 GIS 技术和 VR 全景技术结合并且针对触摸大屏采用 WPF 技术设计的矿山三维地理信息系统、北京龙软科技发展有限公司开发的 LongRuan 系列产品等。

这一阶段的基本技术特点为：采用当时最新的计算机和 GIS 理论与技术，基于面向对象的设计思想，同时采用构件技术设计的体系结构，开发出具有我国自主知识产权的矿业软件系统。在这一阶段，MGI 集成数据库技术、空间数据引擎技术、WebGIS 技术、三维可视化技术、多媒体技术、系统集成技术，矿山三维可视化表达、实时数据集成、可交互操作以及动态更新服务等功能均逐渐趋于完善。

11.3　LongRuan GIS 平台简介

下面以北京龙软科技发展有限公司开发的 LongRuang 产品（LongRuan TGIS 平台、LongRuan 4D-GIS 平台、LongRuan 移动 GIS 平台、LongRuan 云平台）为例介绍 MGIS 在这一阶段最新的技术进展。

1. LongRuan TGIS 平台

(1) 平台概述

LongRuan TGIS(x,y,t)二维空间＋时间管理平台（简称 LongRuan TGIS 平台）是龙软科技集近 20 年空间信息服务和研发经验，奉献给用户的一套具有完全自主知识产权的时空一体化 GIS 产品。平台融合了云计算、边缘计算、大数据、分布式协同、人工智能、跨平台、中台等技术，具有强大的可视化、空间数据管理、地质建模、空间分析、时态版本、历史回溯、空间信息集成、发布与共享等能力，提供了完善的空间数据采集、存储、管理、分析、处理、制图与可视化等功能，是智能化煤矿建设的重要技术中台，可基于“一张图”模式实现各类业务数据与基础地理数据的叠加集成、汇交更新，为智能地质保障系统提供地质数据管理、高精度地质建模、地质云服务等支撑，支持“桌面、服务、Web、移动、云”等主流应用场景，可应用于智慧矿山、智慧应急、智慧安监等领域。

(2) 平台特点

① 完全自主知识产权。兼容主流的 X86、ARM 架构（如国产鲲鹏、飞腾等）生态系统以及国产主流操作系统和数据库。

② 行业领先，开放共享。采用微服务架构及中台开发技术，支持云端使用及开放 GIS 服务，提供电子地图、私有云管理、云 GIS 服务、地质模型构建、专业分析模型等应用。

③ 功能强大，易用可靠。提供空间数据生产及加工、分布式数据管理与分析、地图制图与服务发布、地理地质建模和空间分析等系列化 GIS 功能，可直观、高效、灵活地完成时空数据管理、协同处理、查询和分析需求。

④ 支撑智能矿山建设。LongRuan TGIS 平台解决了矿山等行业海量空间数据“一张图”融合管理和智能化分析应用的问题，将 GIS 的应用领域从以往的空间信息管理拓展到面向智能化的管理和控制，是煤矿智能化建设的支撑软件平台。

(3) 平台效果

平台典型应用和效果示意图如图 11-1～图 11-4 所示。

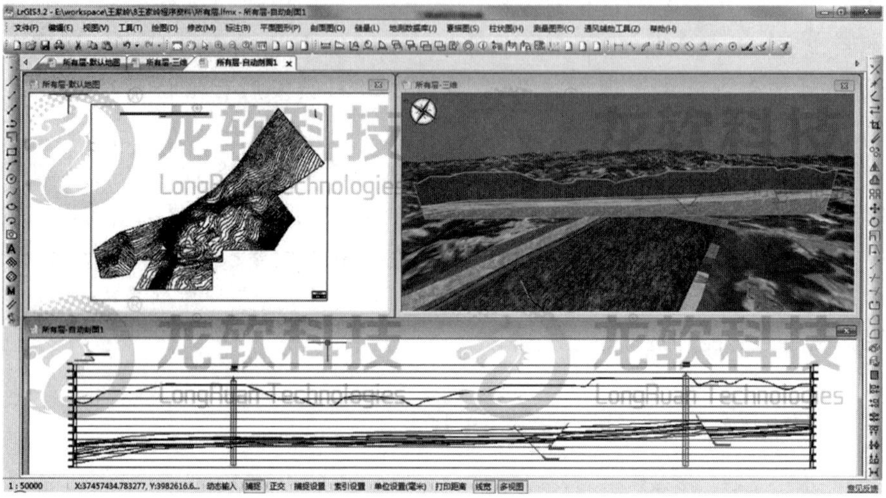

图 11-1　时空一体化 LongRuan TGIS 平台

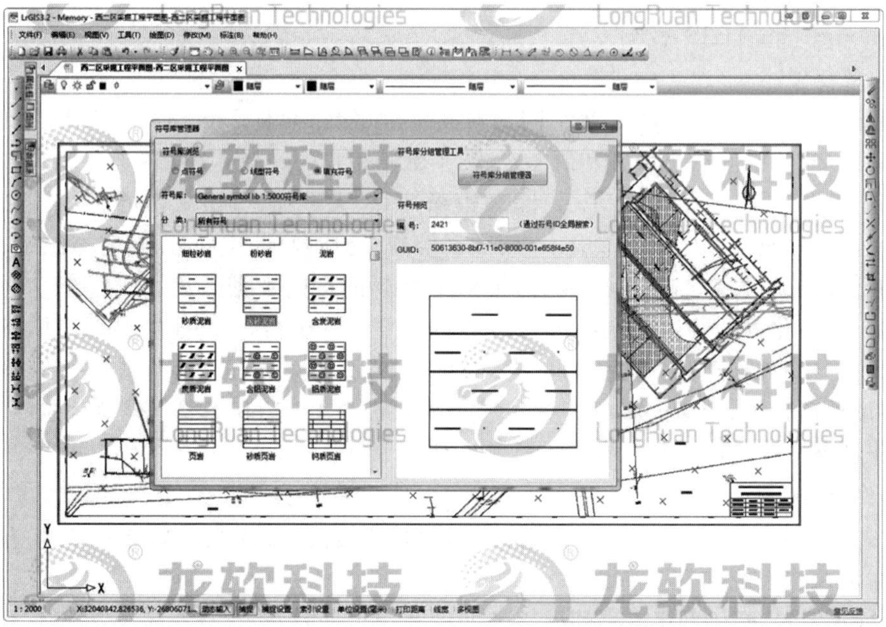

图 11-2　LongRuan GIS 桌面应用

2. LongRuan 4D-GIS 平台

(1) 平台概述

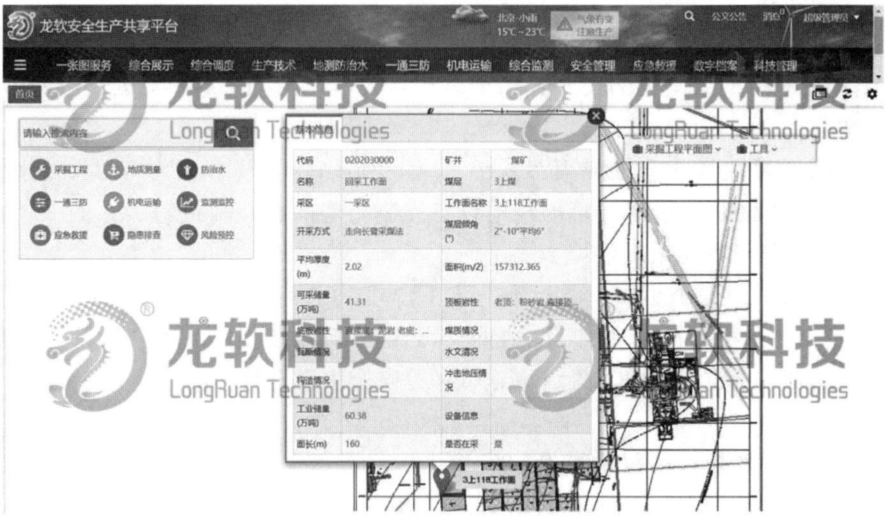

图 11-3　LongRuan GIS Web 应用

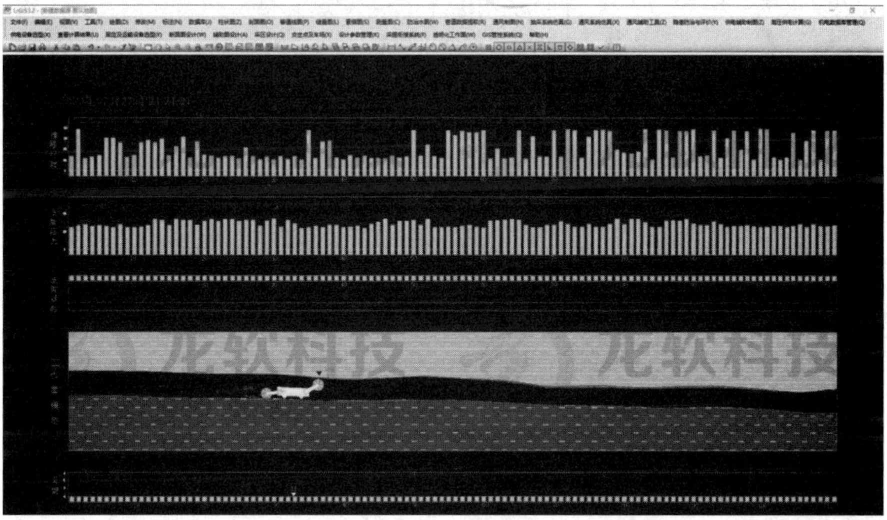

图 11-4　LongRuan GIS 管控应用

LongRuan 4D-GIS 为 TGIS 的四维时空(x,y,z,t)管理平台，利用 GIS+BIM 技术全面整合数字地面模型、三维地质模型、三维设备模型、三维环境模型等，可融合设备位置和姿态、环境状态等实时数据，在生产过程中实时更新、修正形成动态四维模型，以及实现地质信息、工程信息、设备信息的有效融合及高精度建模，形成高精度、透明化的数字孪生矿山，还能够为智能化矿山应用提供二三维一体化的位置服务、协同设计服务、组态化服务、三维可视化仿真模拟、矿山工程及设备的全生命周期管理等服务。

(2) 平台特点

① 实现与 LongRuan TGIS 的二三维一体化。与 TGIS 时空数据库无缝集成，能够自动创建和更新巷道、煤层、断层、陷落柱及瓦斯和水等三维模型，实现三维地理信息数据及

模型的快速创建和自动更新。

② 实现高精度地质模型生成及动态修正。采用 TIN、ARTP 等建模技术，可实现复杂地质构造、陷落柱等三维模型的交互式和全自动生成，以及巷道、地层等宏观模型与机电设备等局部精细化模型的无缝集成。

③ 支持数字孪生矿山管控应用。基于 GIS＋BIM＋VR 技术和统一的大地坐标系，可实现地质模型、设备模型、开采环境与机电设备控制之间的拓扑和逻辑关系的一体化集成，为智能化控制提供可视化地理环境。

④ 具有智能化煤矿数据和业务标准。该平台建立了 4D-GIS 统一标准化、协同化工作体系，将安全生产过程流程化、标准化、协同化，为各业务系统提供了统一的地理信息服务，可实现基于地理信息系统的"采、掘、机、运、通"等安全生产全过程的一体化管理。

(3) 平台效果

平台典型应用和效果示意图如图 11-5～图 11-9 所示。

图 11-5　LongRuan 4D-GIS 整体场景

图 11-6　地表工业广场倾斜摄影测量及三维模型构建

图 11-7　高精度综采工作面地质模型构建

图 11-8　数字孪生矿山管控应用

图 11-9　GIS 虚拟仿真应用

3. LongRuan 移动 GIS 平台

(1) 平台概述

LongRuan 移动GIS 平台是基于 LongRuan TGIS 内核，结合跨平台、移动互联网、分布式协同等技术，推出的移动端原生 GIS 产品。该产品提供了目前主流移动操作系统平台下的 GIS 地图浏览、查询分析、离线同步、协同编辑及交互展示、二次开发等功能，可与 LongRuan 4D-GIS 平台、“一张图”管控平台等无缝对接，实现移动环境下多部门多层级的数据共享及应用，为移动版矿山安全生产管控等业务 APP(应用)提供支撑。

(2) 平台特点

① 是移动端原生 GIS 平台。基于自主 GIS 平台内核，原生适配 Android、iOS、鸿蒙等操作系统平台，可最大化地发挥移动设备性能。

② 功能强大、自主可靠。支持栅格地图数据、矢量地图数据等多种数据类型和数据格式，支持 GIS 数据动态加载、实时渲染、空间分析等特性，自适应支持离线、在线网络环境。

③ 开放灵活、可扩展。支持矿山各类业务数据、实时数据的集成应用，支持智能化开采管控应用，可以对环境监控、人员定位、综合自动化等毫秒级数据实现实时、稳定动态处理。

(3) 平台效果

LongRuan 移动 GIS 应用效果示意图如图 11-10 所示。

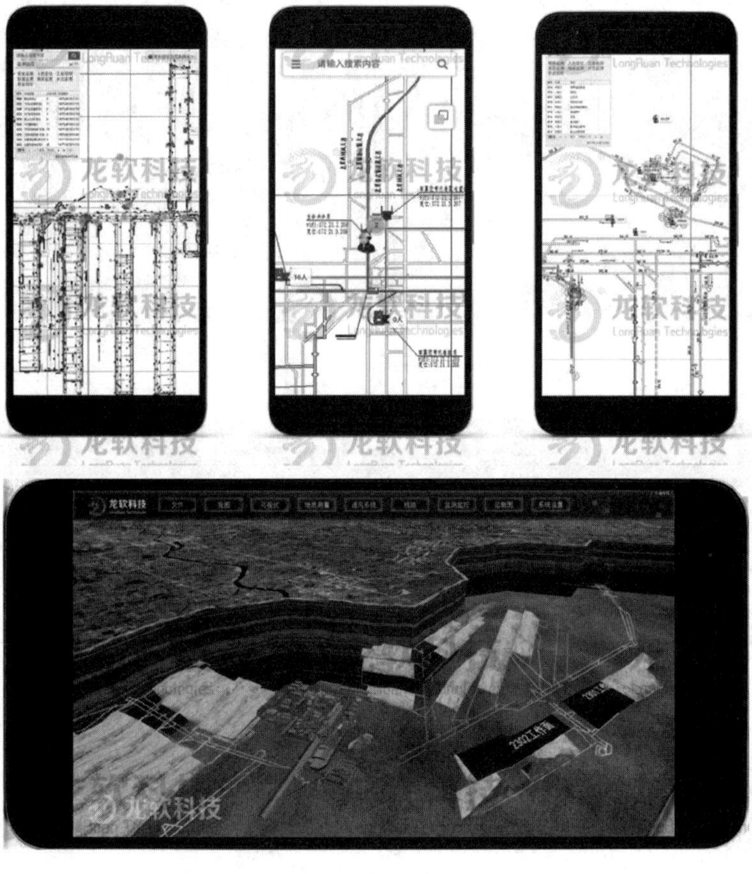

图 11-10　LongRuan 移动 GIS 应用效果

4. LongRuan 云平台

(1) 平台概述

LongRuan 云平台(简称“龙软云”)是基于云计算架构的行业云服务开放平台，可提供矿山行业应用成熟的 GIS 系列产品、开放地图平台产品，以及三维地质建模、安全生产大数据分析、矿山设备全生命周期管理、虚拟仿真在线培训等云服务，同时云平台对行业内优秀的合作伙伴开放，并提供与龙软 GIS、“一张图”等特色服务的集成应用，以开放、共享、共赢的方式推动行业信息化进程。

(2) 平台特点

① 技术先进、灵活高效。支持私有云、公有云混合模式的云平台构建，可向矿山生产及管理企业、矿山监管政府部门、行业信息化集成等单位提供与矿山安全、生产、经营相关的业务管理和大数据分析服务。

② 开放共享、合作共赢。龙软云提供了云资源管理及调度、GIS 平台及服务、大数据存储及接入、APP 运行及管理等基础云环境能力，并对第三方合作伙伴开放，以合作共赢的方式汇聚优质行业云服务资源。

(3) 平台效果

平台典型应用和效果示意图如图 11-11～图 11-13 所示。

图 11-11　龙软云服务内容

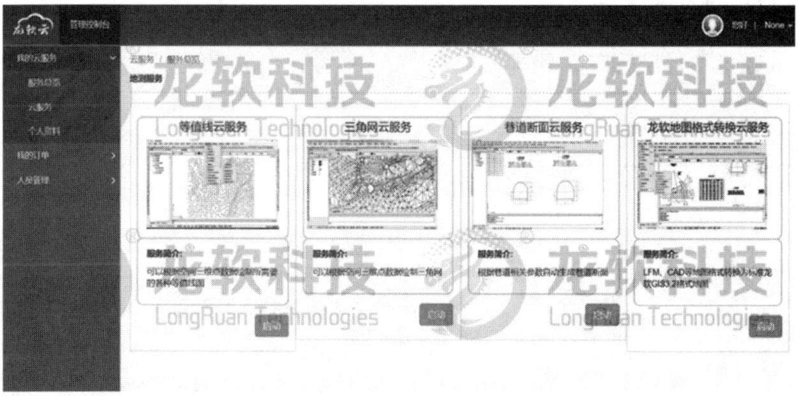

图 11-12　龙软云在线服务

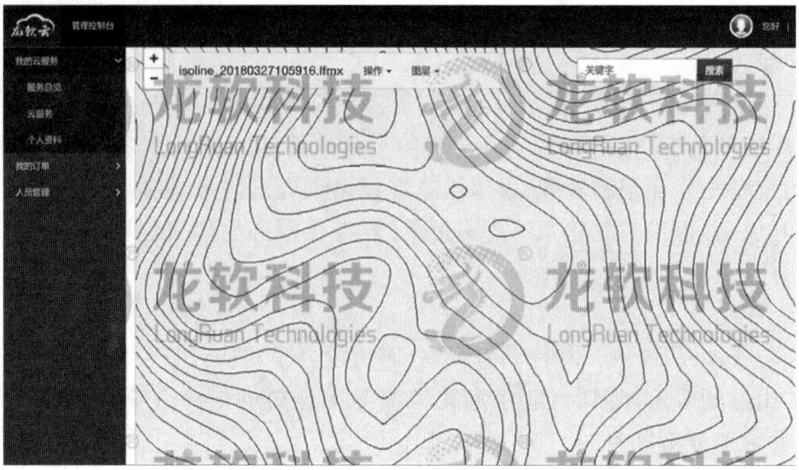

图 11-13　等值线生产云服务

11.4　LongRuan GIS 基础平台

该平台的操作使用方法与 CAD 相似，但是系统应用的原理和本质均为地理信息系统。平台依托矿业，同时拥有 GIS 的特征，具有强大的图形编辑功能与属性存储功能，重点突出矿山行业的应用分析。平台简要介绍如下。

安装该系统后，将在计算机操作系统的桌面上产生一个快捷图标，双击该快捷图标，便可启动系统。

该系统工作界面主要由“标题栏”“绘图窗口”“菜单栏”“工具栏”“属性框”“文件标签”“命令提示窗口”和“状态栏”等部分组成，如图 11-14 所示。

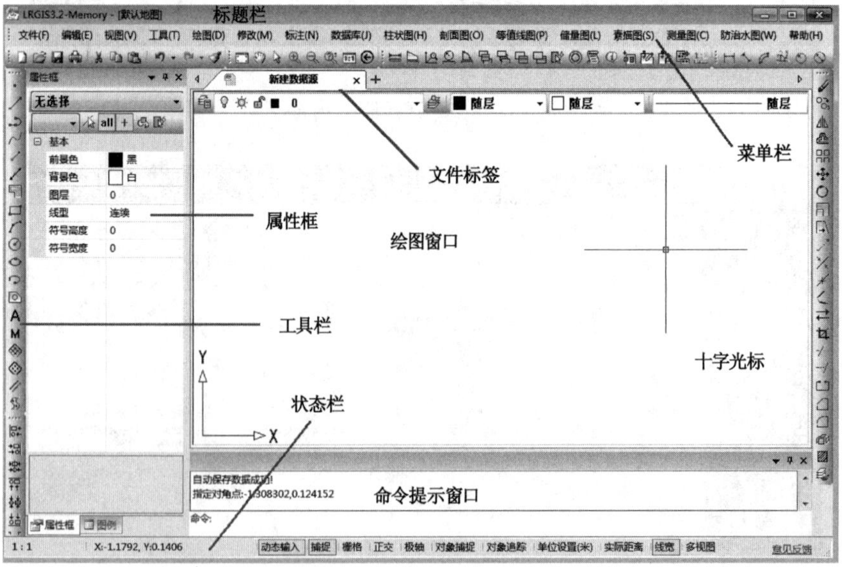

图 11-14　LongRuan GIS 工作界面

1. 数据的创建与管理

该系统可以打开 CAD 图形文件，在打开 CAD 图形文件之前，首先要将 CAD 图形文件中的部分内容（如填充符号和线型）该本系统中的符号做对应处理，这样才能正确打开图形。该系统也可以创建点图形、线图形和闭合图形（图 11-15、图 11-16）。

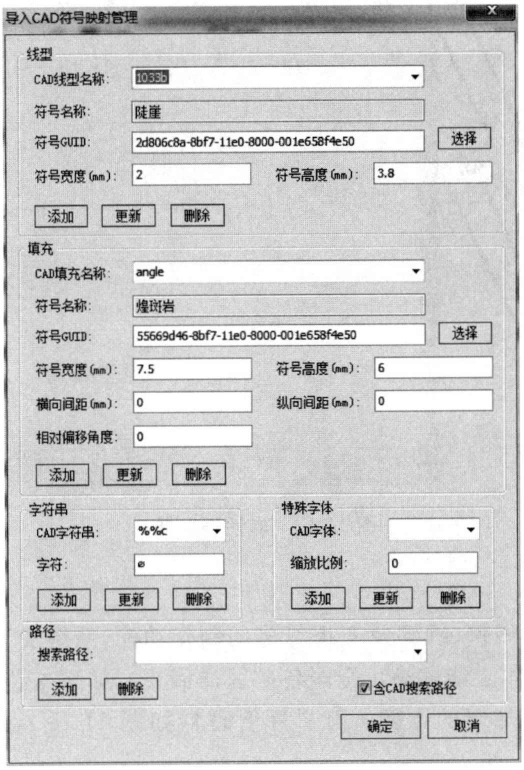

图 11-15　CAD 符号映射管理

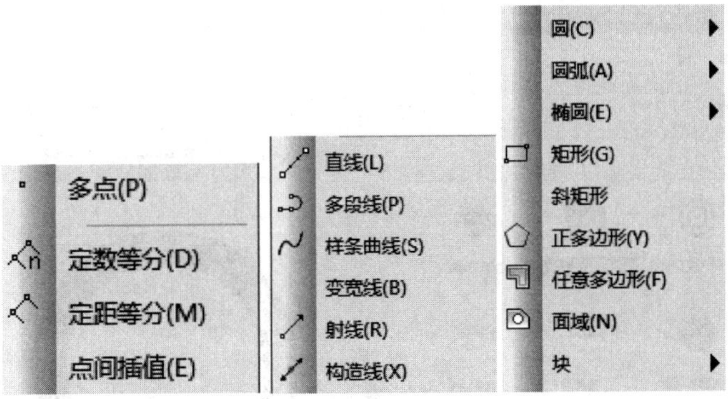

图 11-16　创建点、线、面工具

2. 数据的修改与编辑

在绘图的过程中难免会出现一些错误，此时需要一些辅助性的编辑功能，如撤销、复制、裁切、插入点、删除点、样条曲线编辑、镜像、偏移、阵列等功能，有时也需要统改参数等功能。

3. 数据的查询

该系统提供了图形信息的各种查询方法，如平面距离、面积、点坐标、半径及角度、属性查询，统计图例、地图属性查询等。属性查看器如图 11-17 所示。

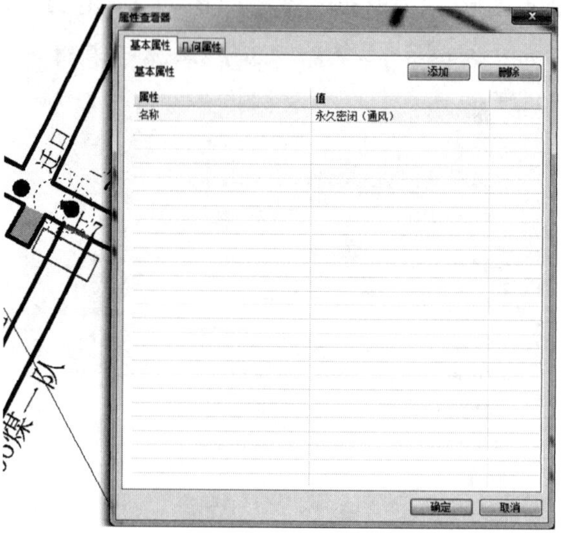

图 11-17　属性查看器

4. 符号管理

该系统具有强大的图例、线型及充填符号的制作功能，系统安装后就具有煤炭系统标准点、线及充填图例，基本上能够满足全国各矿区的需要。如果这些图例仍不能满足需要，用户还可以很方便地添加新的图例。符号库管理器如图 11-18 所示，符号分组管理器如图 11-19 所示。

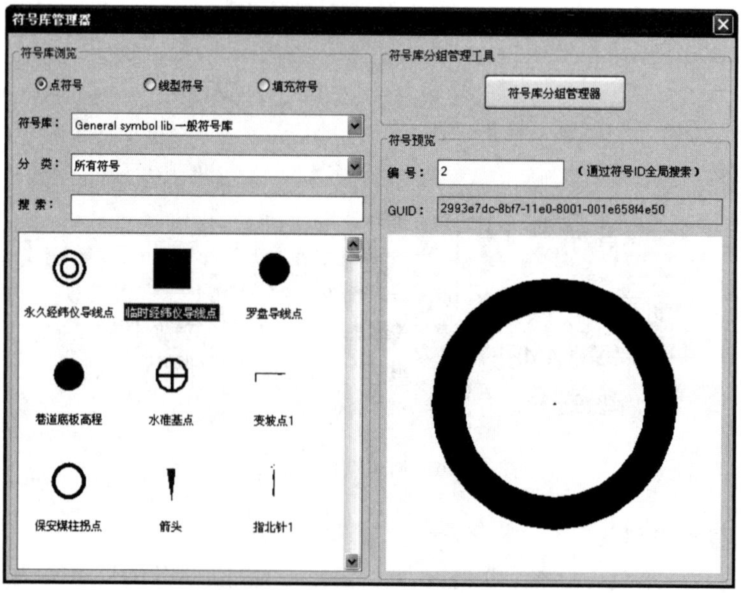

图 11-18　符号库管理器

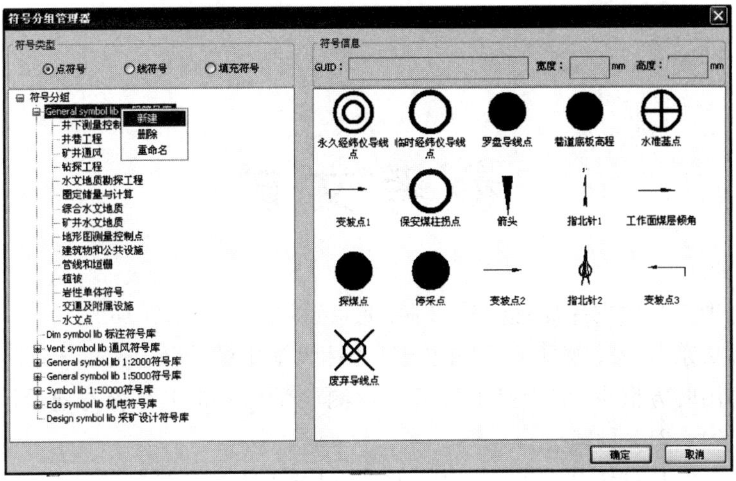

图 11-19 符号分组管理器

5. 面向矿山行业的应用

该系统可以将前面创建与编辑的数据存储到空间数据库中，后续的应用可以从空间数据库中调用。该系统有强大的应用功能，面向矿山行业的应用，包括柱状图、勘探线剖面图、等值线图、储量图、素描图、测量图等，能够满足行业需求。

思考题

1. 简述矿山 GIS 的发展历程。

2. 查阅资料，分别列举两个国内外的 GIS 平台软件，并阐述软件的发展历程和软件架构，以及进行比较说明。

3. 请结合 LongRuan 产品的主要功能，举例说明其是否具备 GIS 应该具备的基本功能。

参考文献

[1] 崔铁军. 地理空间数据库原理[M]. 2 版. 北京:科学出版社,2016.

[2] 杜继亮,吉长东,孙江. 测量学[M]. 长春:吉林大学出版社,2015.

[3] 高俊. 图到用时方恨少,重绘河山待后生:《测绘学报》60 年纪念与前瞻[J]. 测绘学报,2017,46(10):1219-1225.

[4] 龚健雅. 地理信息系统基础[M]. 2 版. 北京:科学出版社,2019.

[5] 郭庆华,苏艳军,胡天宇,等. 激光雷达森林生态应用:理论、方法及实例[M]. 北京:高等教育出版社,2018.

[6] 郭仁忠. 空间分析[M]. 2 版. 北京:高等教育出版社,2001.

[7] 何必,李海涛,孙更新. 地理信息系统原理教程[M]. 北京:清华大学出版社,2010.

[8] 胡鹏. 地理信息系统教程[M]. 武汉:武汉大学出版社,2002.

[9] 胡祥培,刘伟国,王旭茵. 地理信息系统原理及应用[M]. 北京:电子工业出版社,2011.

[10] 李德仁. 基于数字孪生的智慧城市[J]. 互联网天地,2021(7):12.

[11] 李德仁,徐小迪,邵振峰. 论万物互联时代的地球空间信息学[J]. 测绘学报,2022,51(1):1-8.

[12] 李建松,唐雪华. 地理信息系统原理[M]. 2 版. 武汉:武汉大学出版社,2015.

[13] 刘光明. CGCS2000 坐标转换[M]. 北京:测绘出版社,2021.

[14] 刘丽. 地理信息可视化系统的设计与实现[D]. 济南:山东大学,2011.

[15] 刘明皓. 地理信息系统导论[M]. 重庆:重庆大学出版社,2010.

[16] 祁向前. 地图学原理[M]. 武汉:武汉大学出版社,2012.

[17] 宋关福,陈勇,罗强,等. GIS 基础软件技术体系发展及展望[J]. 地球信息科学学报,2021,23(1):2-15.

[18] 汤国安. 地理信息系统教程[M]. 北京:高等教育出版社,2007.

[19] 汤国安,李发源,刘学军. 数字高程模型教程[M]. 3 版. 北京:科学出版社,2016.

[20] 汤国安,钱柯健,熊礼阳,等. 地理信息系统基础实验操作 100 例[M]. 北京:科学出版社,2017.

[21] 汤国安. 地理信息系统教程[M]. 2 版. 北京:高等教育出版社,2019.

[22] 汤国安,杨昕,张海平,等. ArcGIS 地理信息系统空间分析实验教程[M]. 3 版. 北京:科学出版社,2021.

[23] 王家耀. 地图学[M]. 北京:测绘出版社,2016.

[24] 王庆光. 空间数据采集方法探讨[J]. 水利科技与经济,2012,18(6):109-110.

[25] 邬伦,刘瑜,张晶,等. 地理信息系统:原理、方法和应用[M]. 北京:科学出版社,2001.

[26] 吴信才. 空间数据库[M]. 北京:科学出版社,2009.

[27] 许延丽. 帽儿山地形三维可视化生成关键技术及系统实现[D]. 哈尔滨：东北林业大学，2010.
[28] 杨乃. 专题地图中专题要素表达手段的研究[J]. 地理空间信息，2007，5(4)：102-105.
[29] 姚相坤，苍甜甜，张一帆，等. 基于地基激光雷达构建人工林树高模型的研究[J]. 森林工程，2022，38(1)：93-100.
[30] 张念. 无人机航测技术及其应用实例分析[J]. 中国金属通报，2020(3)：188.
[31] 赵永平，DavidM. Danko，承继成. 地理空间元数据标准研究[J]. 中国标准化，1998(1)：8-11.